FIRST IMPRESSIONS:
SHOPFRONT DESIGN IDEAS
商业店面设计 III

（意）斯特凡诺·陶迪利诺 / 编　孙哲 李婵 / 译

辽宁科学技术出版社
·沈阳·

CONTENTS 目录

前言 004

绪论 006

服装店

甜品店

配饰店 026

餐厅 056

酒吧与咖啡厅 082

美妆店 112

居家生活 184

设计公司索引 234

250

310

前言

再次和辽宁科学技术出版社合作出版，感到十分兴奋。这次已经是"商业店面设计"系列的第 3 辑，衷心感谢各位的支持。这个题材每隔一两年就出版一次，可见商业店面设计更新之快。商业店面每 3 到 4 年更新一代，背后代表消费习惯的更变。现时商场每 3 年调整租户的位置，保持场地的新鲜感。这个周期促进了店面空间形象的更新，与品牌提升店面设计概念的周期相符。

最近和一位经营商场的朋友叙旧，他感叹："经营零售业就好像照顾一个永远不会长大的孩子，所需的心力远远超越其他房地产项目的投资！"的确，零售业变化的速度惊人，一年算下来的大小活动，不下于 7 、8 次。一个活动刚完结，另一个就马上筹备。为了时常保持新鲜感，商场近几年更加愿意开辟空间予"限期零售店 (Pop-Up Store)"，这样就可以有不同的品牌定期更换。同时，这种方式因为租期减短，"限期零售店"成为品牌试水温的良方，即先了解市场的反应，再决定是否加大投资。这个共赢方案使得商场和品牌都乐意

参与。这种短租和活动相结合的模式，让业态发展更加灵活。

商业设计面对市场的迅间变化，反应需要及时。过去几年，国内曾经刮过一阵豪华高档的设计风格，各大品牌争相仿效。近年随着人们对自然、环保认识的提升，追求奢华的风气已经减少。取而代之的是对提升生活体验之美的追求。用设计的语言来说，色彩和材料由过去的金碧辉煌，逐渐改变为对原生材料的重视。例如原木的应用，几年前原木被视为不入流的低档材料，现在大家已经认识到，合适的配搭可以增加空间层次感，彰显自然顺服之美，从而完善空间整体效果。材料自身本没有好坏，而是要看设计师和客户的传译以及置身于空间的消费者的感受吧！

实体店的业务近几年受到网上零售的严重冲击，单体的店铺、百货店受到最大的影响。百货店作为中介人的角色在逐渐消退，消费者可以通过互联网的便利直接从货源购物。正因如此，新落成的商业空间以商场为主，让各品牌更

关于
斯特凡诺·陶迪利诺
Stefano Tordiglione

斯特凡诺·陶迪利诺（Stefano Tordiglione）于意大利拿玻里出生，并于 1990 年代移居纽约工作及学习。他的第一份设计相关工作于伦敦展开，并开始与国际知名的意大利工作室合作。斯特凡诺的兴趣也十分广泛，其艺术作品成为不少私人收藏家的典藏。他也是联合国儿童基金会的项目经理及艺术总监，于意大利筹办多项国际活动。

斯特凡诺在艺术领域发展多年，参与过多个展览及个人设计项目。此后，斯特凡诺移居香港，并于 2010 年创立斯特凡诺·陶迪利诺设计事务所。他感到香港能为设计师带来真正的自由，并且认为在这里可以创作出真正创新的作品。

斯特凡诺的以直觉为主导的设计风格源于开阔的国际视野，当然也源于其扎实的艺术根基。他不时将艺术中找到的意念转化为自己的概念，并且将之活用于客户的设计方案之中。

容易自主地表现独立个性，整体的空间和动线更加协调，整体的业态也更加均衡。品牌将线上与线下的服务整合，提供以体验为主的互动空间。目前线上和线下的分界越来越模糊，与其说互联网将会取代实体店，我认为更大的趋势将是两者的互补结合。

近年零售行业变化巨大，快速时尚品牌的发展主导了零售业的扩张。行业的领头品牌 Zara 和 H&M 固然在店铺选址和产品展示方面下足功夫。但新兴的品牌，包括来自中国的 Urban Revivo 等，则致力于创造充满时尚和玩味的潮流店铺。店面的设计风格强调简约、现代，在焦点的位置设立特色设计，从而打造年轻活力的品牌形象。适当地展示玩味，这样的要求最考验设计师的设计水平和功力。既要做到简约而不单调，又要充分传达品牌的思想与风格。在本书的 EGREY 、柚子元、Atelier Peter Fong 等项目中，读者可以充分感受到这股潮流。

总体来说，这本书介绍的店面设计项目，反映的是当下商业设计师的思考和当前商业背景下的实践，希望大家喜欢这本书，期待有更多机会与大家互相交流学习！

斯特凡诺·陶迪利诺

绪论

不知不觉中"商业店面设计"已经出版第三辑了。它的连续出版体现了商家和品牌对商业店面设计的重视程度是非常高的。这本书的英文名字是"First Impressions: Shopfront Design Ideas",开宗明义,十分恰当地表明和强调了店面设计的重要作用。

店面是商业店铺空间面向顾客和路人的一面，是门店整体设计不可或缺的部分。门面相当于品牌的名片，在顾客了解品牌的产品与服务之前，门面的形象已经传递出了品牌的特征、定位和个性，这个影响是直观的、立竿见影的。所以无论任何品牌的商业店铺都会对门面设计花费极大的心思，务求起到先声夺人之效。

1. 设计的根本

设计师经常会被问到"设计是做什么

的"。一般的大众感觉"设计"和"装修"没有分别，就是把空间弄得好看一些而已。最近几年，随着人们对空间的美感和功能要求的逐渐提升， 对空间的设计开始单独提出要求，于是设计师的职业也被越来越多的人所认识和了解，并且备受尊重。

其实空间的设计是以人为本的服务，为人们打造一个舒适、实用的空间，就是设计师的首要任务。 空间并没有地域或功能之分， 只要是人们日常生活、工作所在的地方，就需要设计师的服务。经过设计的空间，着重人们的生活体验，提升人们的生活质量。所以即使是小项目、报酬也不高，但设计师的工作满足感仍然很大，其根本原因是设计师的工作对人们有着直接而正面的影响。看到客人在自己设计的餐厅高兴地和朋友吃饭，或者在自己设计的房屋里，过着舒适的生活，这也是一点小功德吧。当工作繁忙压力又大的时候，这种满足感足以让设计师们重新燃起工作的斗志。这里反复强调设计是一种"服务"，是因为设计师根据客户的需求提供设计方案和建议，由客户决定采纳与否。因此，设计师的角色应该是独立而公正的，仅从客户需求出发，不受其他因素的干扰，更不会从属于任何材料供货商和施工队，这样的安排才能实现对客户利益的最大保障。

2. 门面展示体现品牌效应

商业空间设计是设计行业里的一个专门类别，通过建立符合品牌个性的空间形象，强化品牌的定位。整个店面的范畴，包括平面布局、人流动线、效果

氛围、技术图纸、道具货架，甚至施工之后的货品摆设、装饰配件搭配等都是设计师的责任范围。通过这一系列的工作，建立一个独一无二的零售空间，从而提高销售业绩——这是设计的最终目的。设计师通过专业的手法，让品牌的形象和感觉充分展现在店铺的三维空间内，让顾客360度处于品牌的独特体验之中。另外，面对连锁品牌的要求，设计更需要配合品牌的延展性。

一个品牌常常会有超过100个销售网点，如何在不同大小和背景的区域把品牌形象推广出去，达成不同品牌客户的期望，实在是个巨大挑战。一个显眼并容易复制的形象确实是品牌的基础要求。我们配合品牌故事，制定新一代空间规划的方向和氛围，并会预定一套设计规范，设定最基本的元素，统一品牌特征。这些特征在每家店不断出现，店铺数量的增加也是在加强品牌形象的推广。与店铺的形象设计形成内外结合，让品牌特征明确展现。

我们常常强调品牌需要建立自己独特的

DNA，即品牌独一无二的个性形象。在芸芸的产品之中，品牌的个性特征可以让品牌发光发亮，散发与众不同的魅力。在形象的体现方式上，无论是平面展示、店铺形象还是广告活动等，都是通过围绕品牌故事和品牌DNA来强化品牌的特征，让这些元素体现在品牌传播过程中的每一个环节。历史悠久的品牌，追索本身的故事和精神相对比较容易，因为时间已经积累了丰硕的里程碑。新成立的品牌往往担心自己不如其他有历史沉淀的品牌，请放心，新品牌并不能说没有自己的独特文化。

文化是无形的，例如创始人创立品牌的愿景，运营公司的手法，上下同事的相处，品牌与客户的关系等，当我们沉淀心情时，就会发现品牌的精神。这个精神是品牌延续的力量，是日后继续发展的基石。所以，即使是刚成立不久的品牌，请不要小看自己的独特性。与其跟随潮流，每天都追着潮流的来去，还不如建立自己的个性。现在的年轻一代，教育程度越来越高，自我个性的表达更大胆，对符合社会主流眼光的压

力减少。正因如此，现在市场的独立品牌百花齐放，适应客户对个性化产品的需求。我们相信这是市场发展的长远趋势，是社会发展到一定程度后的模式。品牌坚持自己DNA的发展信念，怀着当年成立的初心，让品牌在日新月异的市场环境中，站稳脚步。与其追逐潮流，不如明确自己的步伐和方向。

重要任务，是体现品牌的风格、品位、服务，更加重视客户的亲身经验和感受。这方面的软实力，虚拟的网购目前为止还没能完全代替。毕竟实体店是实体的空间，选址的时候，已经考虑到地域位置，坐向，人流动线，周边环境等，大家可以亲身感受现场的氛围。所以实体店现在的网点更精，对品牌更有代表性。由以往的"以量取胜"逐渐发展为"以质取胜"。品牌的策略，逐渐改为重点开发令人印象深刻的实体店，让客户全方位感受品牌的氛围。

3. 网上网下新科技

网上和网下相结合是销售大势所趋。前几年大家担心网上零售会完全取代实

体店。然而，经过这几年的发展，这个忧虑实在不必。

实体店经过科技的提升，并合网上的数据，为客户提供更好的体验。常见的手法包括视频展示。展示产品作为店铺设计的重要元素，一直都在设计的过程中占大量考虑。最基本的就是广告画，把当季的新产品放在当眼的地方。通过科技的改良，品牌可以通过视频，把"当季"新产品提升到"当时"的新产品展示。"当时"二字意味着视频可以随时更换：每个月，每星期，每天进行。除了常见的天桥走秀片段，还可以根据每家店当地的销量，调整展示的产品，或者宣传推广活动。这种灵活性十分重要，特别对连锁品牌，适时根据市场的需要做出最佳反应。特别近年零售行业深受快速零售影响，谁对市场的反应快，谁就占了先机。以致店面设计的趋势，出现了视频展示占店面大面积的设计。视频是店面的永久设备，内容却可以随时更新。这个现象除了美观因素外，更大的因素还是迅速面对市场转变。诚然，视频内容更新十分需要品牌市场部门的大力支持，制作及时，主题帖合。这样才可以让展示的影响发挥最大力量。网上的大数据正好让品牌适时了解客户的喜好，从而让推广热点对焦市场转变，形成在线上线下互相支持的脉络。

另外，对于金额较大的交易，例如手表珠宝类的产品，人们一般通过网上做初步的了解，比较各个品牌产品的优劣。网上的信息及时、透明，特别是其他客户的评语，加强产品的认识。然后客人才亲身到实体店，把产品戴到身上，实在地感受一番。正因如此，怀着购买之心而走进店铺的客人比例增加。店员当即促成销售的机会大增，店铺旋即变成完成交易之地。这样的改变，让店铺设计趋向优化客人的结账体验。收银台在高端品牌店铺内，已经渐渐离开"收银"的功能——各样的信用卡和电子货币包，都不需要实体联机。客人可以舒服地坐在沙发上，或在店内的任何角落，通过无线网络完成支付过程。免却了客人排队的麻烦，提升店内的享受。现时电子货币包的技术逐渐普遍，客人简单扫描一下支付条形码，立即完成支付。因此，收银的空间大大减少，收银台只剩下打印账单、包装、收纳等支持功能。空间布局上预留更多的展示销售空间。甚至部分品牌把收银台摆设在后台服务区，形成隐蔽式收银空间。这对店面人流动线规划产生深远影响。各个区域的展示空间增加，避免人流拥挤，让动线更流畅，感觉更随意自由。这是科技发展对店面设计的实际影响。面对科技潮流的改变，店面设计也跟上时代的步伐，相互结合方便客人，提升购物体验。

触觉各方面都能找到代表品牌的地方。在这五个观感之中，视觉的体现是最明显的。一个醒目的门面设计，远距离就能吸引客人的眼球，燃起人们的好奇心，吸引大家走过来。门面作为鲜明的标志，在各大品牌中站稳脚步，坚挺自己的追求。这种吸引力网店无法替代，是现实的具体呈现。在越来越精致的实体店中，门面发挥了"精中之精"的功能，凝聚了品牌的使命。人们对门面的直观感受，直接成了对品牌的印象。本书反复强调门面的第一印象，原因正是如此。

4. 商业设计的感官要点与流行趋势

店面作为实体店的重要组成部分，担当的作用更加明显。无论品牌的目的是建立高大上的形象，还是营造新颖、有趣、活力的感觉，门店设计直接传达了品牌的信息，毕竟街上的各大品牌琳琅满目，务求在激烈的竞争中脱颖而出，门面设计对人们视线的直接影响，毋庸置疑。

现时品牌追求个性特征在五个观感中体现，希望在视觉、听觉、嗅觉、味觉、

设计并没有一条完美的方程式，让所有的想法都自动转化为美观与实用并存的元素。然而，根据五个感观来设定品牌识别性，算是比较可行的依归。

上文已提及视觉的重要，下文会再深入讨论听觉、嗅觉对店铺设计的影响。味觉对于一般的店铺，似乎还比较困难，除非这个品牌与饮食行业有关。或者在推广活动里，包含标准的味觉体验。这些跨界的联系，运用得宜能够强化品

路易威登基金会

牌的印象，感觉与众不同。至于触觉，以前人们比较忽略，现在品牌也渐渐重视。皮肤受到不同的刺激而产生的感觉，可以成为品牌的记忆。店铺的环境本来就是开放的地方，客户容易触碰到各种材料。加上产品的展示，让人们对品牌在手中的感觉形成独特的标志。金属、玻璃、石材让人的感觉冷酷；木材、布艺、皮革让人温暖。我们一直都应用这些感觉，只是没有梳理个中因由。举个简单例子：设计的鞋履品牌"大秘密"，在于地毯。下次大家买东西的时候，不妨留意一下不同鞋履店铺，试鞋的区域通常都有厚厚的地毯。除了美化空间、提升格调外，也让客人在试穿的时候，觉得鞋子舒服。这是鞋子穿在脚上的实在感受，舒适又贴心。地毯的小摆设，对提升销售确实有功效。明显的，

触觉也能增加人们对品牌的喜爱。触觉显现在细微之处，值得我们好好发掘。

近年来，品牌也流行运用艺术元素，强化品牌的内涵，特别是一些面积大的旗舰店。通过与不同艺术家的合作，品牌形象更显品位。艺术元素多样，绘画、雕塑、摄影等，由于与空间设计同属视觉表现，所以更常用于店铺设计内。尤其是店内的软装摆设，艺术元素的体现更加明显。除了装饰功能，艺术品背后表达的信息，与品牌之间的联系，相得益彰。大家或者会担心，运用艺术元素，是否会令店铺的成本大增？当代的艺术表达，着重个人感受，自由发挥。艺术本来没有高低，是个性的体现。保持这份初心，就不用在拍卖会上竞争当红的艺术品。与新晋的艺术家

上海世博星巴克

合作，也能擦出火花，产生奇妙的效果。"适宜"比"矜贵"更加重要。通过艺术手法，衬托品牌的气质。这是商业应用的手法。当然，当品牌发展到一定规模，希望在社会责任上贡献力量，与不同的博物馆或艺术团体合作，增强小区的凝聚力，这是精神层面的支持。世界著名的艺术馆，接受大企业的赞助，十分常见。企业甚至创立自己的艺术发展基金，例如路易威登基金会，全力推广国际当代艺术的发展，定期举办不同题材的展览，让广泛的人群接触到艺术。正如和其他志愿团体合作一样，企业回馈社会，既能推进社会精神进步，亦能提升品牌形象，互惠共赢。

节能环保也是近年店铺设计的新方向。面对日益严重的污染问题，大家开始反思人类对环境的破坏。尤其生活在都市，空气混浊，空间拥挤，更让人精神紧张，生活质量下降。人们逐渐重视保护环境，对材料的来源、环境对健康的影响等倍加关注。新建的建筑物，以获得 LEED 绿色认证为傲。从建筑的角度，这个标准有了长足发展，包括在选址、水资源、材料、空气质量等方面对建筑物进行综合评审，是国际首屈一指绿色认证规格。原本只针对公共建筑，根据商业项目的特有营运模式，LEED 绿色认证现时已经推广到商业项目和零售空间。我们日常经常接触的星巴克咖啡店，部分的旗舰店已经取得了认证，包括上海世博会场的分店。设计运用大面积的玻璃作为门面，让自然光渗透店内，减低人工光源的依赖；同时选用含低挥发性有机化合物的材料，减低建筑物料对人体的损害。星巴克现时已经在20个国家开了超过1200家拥有LEED绿色认证的分店,在咖啡品牌中,开设的绿色店铺数量最多。可见对于节能环保的怀疑,非不能也,乃不为也。其他规模较小的企业,也可以在日常的营运中,减低对环境的损害,包括减少不必要的包装、关掉备用的计算机和设备、增加节能装置(简单的例如改用省电照明),装修时选用环保物料。尽我们每人的微小力量,改善环境。

5. 商业店面设计的原则

门面设计是项具体而细致的工作,要考虑到经营者和消费者的双重需求,尽可能高效率的利用有限的空间展示商品,通过门面的外观、形象、整体风格和内部设计为消费者提供舒适的购物环境,形成美好的购物经历。在进行设计时,应遵循以下几个原则。

容易识记原则

这是门面设计的首要原则。一家不能让消费者轻易记住的门面在设计上是失败的。门面便于识记,不但有利于吸引消费者进店购物,还减少了消费者二次购物的寻觅时间,有利于拉回头客。在口口相传的同时也便于消费者对店铺的描述。

因此,门面设计不宜过于繁杂,色彩要协调,标识要简洁易懂。这样有助于信息迅速传递,并深化消费者对店铺的记忆。

一致性原则

门面的风格、门面内外上下的设计应当与门面的市场定位、经营理念、品牌理念和产品风格保持一致。员工的衣着、导购行为、服务态度及服装的档次、配套用品等也要能传递门面的经营理念和定位。遵从一致性原则有利于树立品牌形象,增强顾客的信任感,吸引目标顾客。

同时,门面的设计应与周围环境保持一致。位于现代繁华商业街的店铺,与位于古朴商业街和一般商业街的店铺相比,设计风格就有差异。

差异化原则

服装店铺在进行设计时,必须把握差异

化的定位原则，使自己的店铺与其他店铺有差异。门面只有设计出与众不同的形象，展示自己的经营特色，树立个性化的风格，使用特色的道具装饰等，才能让消费者迅速地识别到店铺的经营特色和风格。

营造独特的氛围，烘托出所售商品的特色，是对店铺进行装饰时的原则。零售店铺外部和内部环境的设计要依照经营商品的范围、类别以及目标顾客的习惯和特点来确定，应以别具一格的经营特色，将目标顾客牢牢地吸引到店铺里来。要使顾客一看外观，就驻足观望并产生进店购物的欲望；一进店内，就产生强烈的购买欲望和新奇感受。

人性化原则

服务大众的零售店铺内部环境的设计必须坚持以顾客为中心的服务宗旨，要力争满足顾客的多方面要求。充满人性化的设计会使顾客感到被关心的亲切感。内部设计符合人体工程学，符合消费者的购物心理，配置方便顾客购物的设施，营造良好的购物环境和氛围，能够为顾客创造愉快的购物体验，使顾客

牢牢地记住店铺，并产生口碑效应，促使店铺的美誉度广泛传播，扩大店铺的辐射范围。

顾客已不再把"逛商场"看作一种纯粹性的购买活动，而是把它作为一种集购物、休闲、娱乐及社交为一体的综合性活动。因此，零售店铺不仅要有丰富的商品，还要创造出一种舒适的购物环境，使顾客享受到服务。

效率原则

零售店铺内部环境如果设计得很科学，就能够合理组织商品经营管理工作，使进、存、运、销各个环节紧密配合，能够节约劳动时间，提高工作效率，增加经济效益和社会效益。

要把握以上原则，在门面设计时要注意以下各方面的一些细节：

(1) 明确品牌定位（年龄、职业、风格、价位、品种等），追求自我（品牌）文化环境。

(2) 掌握消费购物习惯走势流向，传播品牌视觉信息（橱窗、图形等）。

(3) 合理的分布有效空间，因势利导，

让消费者自然步入品牌空间，浏览每件商品。

(4) 点缀物品、道具等，必须吻合品牌环境诉求，宁缺毋滥；色彩饰物，注意协调或对比差度。

(5) 整体装饰简洁而富于变化，从棚顶、侧壁、橱窗，紧紧围绕品牌定位、品牌标示等的理念和暗示。

(6) 卖场商品陈列，丰而不繁，简而不空，有形而整，变而有序。

(7) 营造舒适氛围。哪怕一张沙发、一个挂钩、一只摇篮，也会让消费者感受美好温馨。

(8) 合理的照明，适度的音效，给顾客一种轻松的视觉感受。

6. 门面设计元素

门面作为店铺设计的重要环节，如何去建立一个醒目的门面呢？一般来说，门面由以下几个主要部分组成：品牌标志、入口、橱窗、店外墙身装饰。这些元素里面最重要的就是品牌标志了。品牌标志是独一无二的记号，无论以文字或符号出现，都是品牌最鲜明的标记。现今稍有知名度的品牌，都完成标志注册，这是对品牌的基本保护，避免其他品牌的影射和日后的商业纠纷。标志的应用需要有一套整体的规范，无论出现在平面推广、网上宣传、店内店外等的各种形态，应该根据规范的框架进行，这样才能建立全面统一的形象，增强识别性。规范里决定了标志的尺寸、比例、颜色、材料、应用的地方等，巨细无遗地把各个情况列明，让品牌的员工在不同的地域，也可以容易执行，减低人为因素对标志应用的差别，增强统一性。

品牌标志在门面上，起了画龙点睛之效，究竟是哪个品牌，一目了然。所以标志应该放在最明显的位置。当人们在远处看到标志时，标志需要足够清楚，让大家清晰识别。走近店铺时，人们可以大约在水平偏高视线看到品牌标志，舒服而醒目。建造标志的材料与背景的搭配，务求在众多的品牌中脱颖而出。即使在设计要求还不高的年代，标志以简单的招牌形式，也尽力做到醒目吸引。现今大家对设计的要求提高了，自然对标志在门面的体现，希望尽善尽美。

香格里拉酒店大堂

入口是门面设计的必须环节。作为店外和店内的联系，入口的作用显而易见，但又往往被人忽略。顾客通过入口只需匆匆一两秒钟，虽然短暂但仍可以直接感受到空间营造的氛围。

入口的宽度和高度，需要和整体的门面协调，既显高贵大气，同时也实用舒适。人流的进出，会对大门、地毯等的细节造成损耗。虽然是简单的细节，保养的工夫却花费不少。毕竟是人们进门的第一感觉，日常保养得宜，可令入口作为欢迎客人进店的"使者"角色，充分展示。这是视觉上的第一印象。同时，品牌在建立独特的特色时，亦经常播放音乐，或散发属于品牌独有的香味，增添室内空间的氛围。音乐和香味，并不是随意使用，需要和品牌的形象联结，是精挑细选的结果。这些听觉和嗅觉方面的设施，通常在入口的地方已经开始布置，让客人从踏进店铺的第一步，

就感受到品牌的气氛，让人们的感官全方位受到感染，营造店外、店内完全不同的世界，在潜意识里默默地发挥影响力。

运用嗅觉的品牌，香格里拉酒店是个中的高手。不知大家走进酒店大堂的时候，有否留意到它的独特香味？能够以气味作为自己的名片，实在难得。听说嗅觉是和记忆和情感最密切的感受，难怪各大品牌陆续研发专属自己的香气，形成"嗅觉识别系统"。这些无形的设计，虽然超越设计师的工作范围，但对店铺的整体规划发挥重要作用。由经营商的角度来看，得到合适的品牌策划专才的帮助，可令店铺生色不少。入口作为客户踏进店内的第一步，肩负传递店内形象的使命，强化企业识别性。

橱窗是店面设计最变化多端的部分，原因很简单，橱窗是根据每个季节的

产品更新的，当然转变最大。橱窗通常与入口在同一个水平，可以在两侧，或者其中一侧，没有特定的标准。与其说橱窗设计是店面设计的一部分，更确切来说，橱窗设计可以独立成章。当然，设定门面时，橱窗的尺寸、高度已经有了一定规范。这些规则决定了橱窗相对于门面、入口等的比例，达到相对和谐的美感。特别是橱窗的空间比较充裕时，这些规范可以令门面不同部分的橱窗起统一感觉。至于橱窗内部的设计，通常根据产品的特征，或者品牌的活动而更新。橱窗通常出现在人们平视的角度，让人们在门外已经窥探店内的最新系列，吸引人们进店。一方面橱窗的设计会和整体门面相结合，更重要的是，让它有自由的空间，不停地延伸，容纳不同系列的产品。丰富多彩的变化，是橱窗设计引人入胜的所在。材料不必太讲究耐用， 重点在于造型、颜色、口号等元素， 更让它吸引人们的关注，直接衬托产品。须知所有的产品，无论自身有多大的吸引力，孤零零地放在橱窗，也很难展示它的长处。运用橱窗设计元素，可令产品的优势发挥最大，生色不少。所以通常品牌委托专门的设计

团队，为橱窗定期更新形象。工作计划在几个月甚至一年之前已经定好，确保橱窗设计和安装的时间与产品推行的时间吻合。

双重任务

橱窗是传承品牌文化和销售信息的载体，促销是橱窗设计最主要的目的。由于橱窗所承担的双重任务，因此针对不同品牌定位、季节以及营销目标，橱窗的设计风格也各不相同。橱窗是商店的眼睛。橱窗作为商店形象的一部分，是传达商品信息的陈列空间，充当消费者的顾问和向导。要想通过展示富有代表性的商品来反映商店的经营特色，橱窗是有力的表现工具。合理的橱窗设计，可使人产生窥一斑而欲"览"全貌的效果。

强调销售信息

有的橱窗设计重点在强调销售信息，采用比较直接的传播方式，除了在橱窗中陈列产品外，还放置一些带有促销信息的海报，追求立竿见影的效应，使顾客看得明白激发进店欲望。设计手法要简单、直白，通常适合对价格比较敏感

的消费群体或一些中、低价位的服装品牌，以及品牌在特定的销售季节里，需要在短时间内达到营销效果的活动中使用，如打折、新货上市、节日促销等。

品牌文化展示

有的橱窗设计风格侧重品牌文化展示，除了产品外，商业方面的信息较少，使橱窗呈现更多的艺术效果。其设计手法高雅，传播商业信息的手段比较间接，主要追求日积月累的品牌文化传播效应。这种橱窗设计手法比较含蓄，中高档品牌采用较多，比较适合针对注重产品风格和文化消费群体的品牌，或在以提升和传播品牌形象为目的时采用。

准确传递信息

传递信息必须做到准确无误，能确切反映商品的特点和内涵。同类别的商品，或在原料上，或在质地上，或在用途上都有很大的内涵差异，设计就是要正确的发现并反映出这种差别，使人不看文字说明，也能感觉得到。同样是服装，要区别开毛料和化纤的感觉。同是药品，要区别开中成药和西药的感觉。还要注意陈列商品的典型性和完整性，以及各种文字、图片、型号、价格的准确性。

适度控制信息

在信息爆炸的现代社会里，人们每天被大量的信息所包围。为了达到生理的平衡，人脑往往会拒绝接收过量的信息，对与自己无关的事物会视而不见，听而不闻。美国曾有这样一个调查：每个人每天从早上睁开眼睛到晚上睡觉，要接触到各种商业信息最少 800 个左右，最多时达 1500 个左右，其记忆率是：能记住的信息普遍只有 15～20 个。而这 15～20 个中，诉求单一的信息占大多数。可见诉求单一性对各类广告的重要性。

视觉广告的信息具有类似"频率"性质。"高频率"者，形态复杂多变，色彩热闹火红。"低频率"者，形态简洁明了，色彩单一朴素。一直受"高频率"的刺激，会产生刺激过剩而使兴奋衰退，视觉疲劳和迟钝，不利于消费者对商品信息的关注和记忆。

因此，设计时必须掌握适度的信息量和

掌握传达信息的主题，尽可能以少胜多，图形、文字简明扼要，道具形式追求大的整体，舍去烦琐的细节，色调倾向明确，商品组合得体，切忌盲目堆砌。

色彩与形态处理

要使消费者在瞬间无意识的观望跃升为有意识的注意，引起视觉兴奋，并留下较深的印象，就要注意色彩与形态的处理。橱窗在色彩与形态上要具有较强的视觉冲击力，要带有鲜明、独特、奇异的个性。

要取得以上效果，应注意人的相关视觉因素，并合理运用这些因素。比如：人的有效视区为30度以内，最佳视区为10度以下。因此，橱窗的横向长度不应过长，一般5～6米为宜。同时形态较小和烦琐的商品应有体积较大的道具衬托，并加以组织，相对集中。形态较大的商品应注意层次的安排，构图上的色彩与形式亦应出现一个趣味中心，多中心不仅会造成视觉上的紊乱，而且会把重要部分淡化甚至遗漏。此外，橱窗是个立体的空间，还要考虑到各个角度的观看效果。还要根据行人的

视线高低，目光扫视的习惯安排布局。如人一般习惯于从左到右，从上到下扫视商品；人眼对左上象限的观察优于右上象限，右上象限又优于左下象限，右下象限最差。

设计技巧

橱窗设计上，要从橱窗陈列的商品主题出发，牢牢树立功能第一、形式为功能服务的正确观念，灵活运用下面一些技巧。

在橱窗设计中有几点应注意：

(1) 要有简单明确的主题,如圣诞、新年、春、秋、疯狂大减价等；

(2) 切忌杂而全，要富有典型性；

(3) 配合适当的推广海报，提供足够的商品资讯给顾客；

(4) 应注意比例、均衡和协调，给人以美感；

(5) 定期替换，以建立商品之特有形象；

(6) 色调配合应以橱窗背景为依据，协调搭配；

(7) 适当有品位，过分花哨，反而弄巧成拙，个人趣味性摆设可能会吓走客人；

(8) 内容随时尚、季节主题变化而变化，不可千日一面；

(9) 清洁及整齐。

服装店的橱窗陈列技巧。

• 选取代表性款式进行陈列，其选取的服装应该能代表该品牌的整体风格

• 抓住顾客视觉焦点，形成立体传达模式

• 橱窗服装陈列不宜过多过杂，简单明了方能效用最大化

• 注意留白，以突出服装的主角特质

• 标注价格，使顾客能快速地了解该品牌的档次与定位

• 巧借人工光线渲染产品特点

• 橱窗模特儿数目视橱窗大小而定，一般 2～4 个不等

• 运用多媒体，使顾客受到视觉与听觉的多重刺激

• 保持橱窗卫生，做到一尘不染

店面其余的大部分面积，就是店外墙身装饰。由美学的角度出发，外立面的墙身可以与室内装饰完全不同。例如，室内是温馨愉悦的感觉，用木和暖光展示；而室外可以是现代简约的表达，以金属玻璃建造。两者的感觉可以不同，但是应该围绕品牌的核心文化执行。无论是室外、室内呼应，还是室外、室内切割，归根究底，还是回归到品牌的故事内容。

店外墙装饰本来占的面积已经很大，让人们在远处，已经认出这家店铺。除了装饰的作用，最重要的是加强品牌的识别性，尤其是晚间时刻。可以想象得到，在漆黑的夜里，能见度不高。外立面的墙身，通过运用装饰、灯带、视频等手法，把店面的吸引力增强，加强识别度，让店铺成为地标。这些细节对加强品牌的感染力和号召力，十分重要。有时候店面设计在晚上会比在白天好看，这是因为在漆黑的背景中，外立面设计显得特别醒目，灯带、视频等的发光装置，发挥最大潜能，与繁华、热闹、欢乐连成一体。人是群居的动物，在灯火通明的地方感到安全。门面设计在夜间的显示，潜意识里也让人觉得心安吧，起码说明这是有人管理的地方。与其说各个门面在繁华都市里争妍斗

丽，还不如说品牌的聚集让我们感到城市的便利和保护。这是设计除了提升美观与品牌的知名度外，对人们心理的影响。

以上是门面设计的典型元素，一般设计师在考虑门面设计时，都会思量以上几点的作用。然而，面对各种竞争，新的趋势已经悄然降临。

一般来说，门面范围就是品牌店面的外立面。外立面与室内面积的比例相对符合。例如一层的室内空间，相对一层高的外立面。这是最普通的做法，是店铺设计最基本的配套，常见于商场的店铺内。这样的好处是商场和业主能够有秩序地安排各个品牌的位置，让大家可以相对地公平竞争。然而，当店面位于临街的一面，门面与室内面积的比例，可以大大提高，让设计的空间立即增加。特别是品牌能够租赁相连的外立面面积——无论是正门侧边的立面（包括左右两边），还是正门以上的立面，甚至于一栋楼整个外立面的面积——这些相连的空间能够明显扩大门面的范围，让门面的吸引力几何级地提升。

店面设计也不仅是艺术美感的发挥，还需要建筑、结构等方面技术的配合。这种手法常见于知名品牌的旗舰店外立面设计。外立面的设计如同品牌的固定广告，天天 24 小时推广品牌的特色。这对建立高、大、上的形象有莫大的益处，让人们先入为主，看到外立面就已经联想到这个品牌的档次，心生敬仰。所以店铺的优劣也十分讲究"location, location, location!（位置，位置，位置）""位置"除了店铺平面的占地面积，还延伸到立面的空间。邻街路面的店铺的先天优势，一目了然。门店设计之专业，近几年越发常见，可见品牌和设计师对它们的重视。

由于商业店面的面积不断扩大，设计师在创作的时候，不期然需要兼顾建筑领域的需求，特别是楼高多层的店面，对建筑和结构的需求更大。品牌租下几层楼的外立面时，业主通常希望减少结构的改动，所以设计的空间会有一定的限制。设计师进行创作的时候，也要综合建筑服务元素，把排水管、电力系统、空调出风百叶，甚至旁边的车辆进出口等功能考虑进去。这些元素的功能大于美感，我们大部分以隐藏的方式，让它们不会对整体的视觉形象造成太大影响。对于不能移动的部分，我们尝试寻找美化方案，总而言之，在兼顾建筑功能要求的同时，尽量保持门面整体的美感和统一。这是对设计师和建筑师的一大挑战，当然，这也是我们的乐趣所在吧！

如何平衡建筑的功能与美感，是永恒的辩论。当人们经过出众的店铺，被店面深深吸引的时候，或许没有留意建筑背后功能配套，也未必有足够的知识理解。这也没关系，只要人们觉得门面出色，享受空间时又觉得舒服，就已是对设计师和建筑师工作成果的认同。作为专业的团队，设计师和建筑师就如幕后的指挥，把外立面的优势充分发挥。

7. 门面设计的成功要素

门面设计的重要性不言而喻，而成功的门面设计，应该有两个要素。第一，商业门面的目的，需要提高店铺的业绩。追根究底，商业世界以销售为重。门面的各种装饰，应该提起人们走进店内的兴趣。店面是全天候不眠不休的"促销员"，它的存在，本来就是告诉顾客"我们在这里，请进！"这是作为设计师应该牢牢谨记的地方。

为了达到这个目标，各个品牌才争先恐后提出更高的要求，投放更多的资源于门面设计。记得我刚来香港的时候，大约 2007 年吧，那时的广东道，只有零星几个品牌的店面覆盖海港城立面。10 年过后，作为全球零售额最高的街道之一，广东道两旁的店铺，无不使出浑身解数，建立精彩的门面，高高地覆盖本来的楼面。过去 10 年，广东道品牌的营业额不断提高，门面对美化形象，提升业绩的贡献，举足轻重。同样的故事，也在首尔的明洞和东京的银座发生。门面设计对营业额的提升，虽然缺乏独立的数据支持，然而通过提升门面形象，从而提升整体品牌形象，这个策略在各大品牌中，仍然不停进行。特别是旁边的品牌都在提升了，为了保持竞争力，自己也要改进。面对市场的激烈竞争，大家不得不进步，形成互相比拼的循环。以上的观点，可能有读者觉得不以为然，让空间带有浓烈的商业色彩。然而，设计本来就带有商业性质，附带功能性。设计是为客户提供解决空间疑难的专业服务。它与艺术不同。艺术可以纯粹发挥个人感受，不带任何的金钱瓜葛，无拘无束。相对而言，设计是在功能的要求上（包括用户使用，投资方的营销，品牌的形象要求等），加上富于美感的装饰。设计师的责任需要把两者平衡结合，才能成为出色的设计。设计师的定位清晰了，面对商业要求，就能坦然面对。一方面需要满足客

户实际的要求，同时需要构思富于美感的解决方案，两者兼备兼容。这是身为设计师一生的追求。

成功的门面设计，第二个要素，是让门面贡献于公共空间发展。门面面向街道和人群，立足于公共空间内。对于品牌的客户，店铺当然欢迎。然而路上大部分的人群，并不是品牌的目标客户。这个事实我们需要虚心接受。门面设计除了满足品牌的要求，还面对各方人群的意见。各人的意见虽然未必能够一一满足，但最起码，我们也希望整体的感觉"顺眼"吧。设计师务求让门面设计融入当地区域的环境，营造鲜明的品牌形象，同时也让人群觉得舒服，这是对公共领域的影响。"显眼"与"标新立异"只是一线之差，让人的感觉却有天壤之别。值得我们警惕。

这里分享一个题外小故事。我出生在拿玻里，是意大利南部的一个城市。古时候是那不勒斯王国，富裕繁华，留下了许多经典教堂建筑，任凭风吹雨打，经历时间的洗礼。今日的拿玻里，经济发

展已经没有以前富庶，城市各方移民拥挤，从前的金碧辉煌已经一去不复还。然而每一次回到故乡，看到这些经历百年的建筑，心中还是感到触动莫名，心里感叹先祖的智慧与创意。几百年前建造的教堂，部分今天虽然衰败了，但仍然保持当年的风韵。无论我们有没有宗教的背景，也会赞叹前人的美感和创造力，几百年前的建筑，到如今看上去还是"顺眼"，是永恒的美丽，和谐地融入周边的环境之中。这是建筑对城市建设的贡献，为建构美好的公共空间献出力量。如今我在设计领域不时参与各类商场、店铺、酒店、餐厅等的建设。虽然不敢与先祖比较，但愿保留前人尊重环境的低调精神。

店铺的里外形象建立得当，能强化在客户心中的分量。设计潮流每天更新，科技发展日新月异。我们需要紧贴市场动态，客户行为，才可以为每个品牌提供独一无二的设计方案。设计是个性化的服务，根据每个品牌的独特需求而创作。每天的新闻都在报道人工智能的新发展，也有很多任务终将被计算机取代。作为以人为本的服务性行业，我猜想设计应该是其中一个最后被人工智能取代的职业吧（如果可以被取代的话）。与其担心，我们应该抱着乐观的心态面对新科技和技术的挑战与机遇，让整体的设计效果更符合人的需求——这是作为设计师的初心。希望大家一起在设计路上继续努力进步，愿共勉。

8. 总结

商业店铺设计以全面的手法，把空间展示、网上网下科技、五官感受等元素融会贯通，形成一门精妙的设计体系。门面设计作为其中一个专业范围，对品牌的形象建立十分重要。门面是店铺的"面子工程"，传递品牌给客人留下的第一印象。两者互为依存，互为支持。

阿根廷女装品牌 Cuesta Blanca 奥拓罗萨里奥店

阿根廷，罗萨里奥

完成日期 | 2016 年 12 月

面积 | 300 平方米

设计公司 | Botner - Pecina Arquitectos

设计团队 | 丹尼尔·伯特纳、爱德华多·佩齐纳、费德里科·斯卓姆勒、艾德里安·艺玛、罗克珊娜·洛斯丹、瓦莱里娅·穆尼利亚、菲利波·卡耶加利、约瑟夫·阿尔保

摄影师 | 古斯塔沃·索萨·皮尼利亚

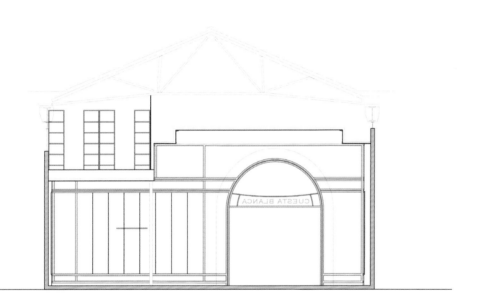

时尚零售商 Cuesta Blanca 在奥拓罗萨里奥购物中心开设新店。商场位于阿根廷罗萨里奥市，在对 19 世纪铁路结构改造后，商场与城市建筑整体融合。作为阿根廷女装品牌，Cuesta Blanca 以其诱人、愉悦的奢华环境和独特氛围而闻名。

极尽奢华的店面足以引人进入室内，以开启 Cuesta Blanca 的购物之旅。店面融合多种材料，其中黄铜、玻璃、镜面和黄金与老式砖墙形成了鲜明对比。

服装店

阿根廷女装品牌 Cuesta Blanca 圣达菲大道店

阿根廷，布宜诺斯艾利斯

完成日期 | 2016 年 12 月

面积 | 1200 平方米

设计公司 | Botner - Pecina Arquitectos

设计团队 | 丹尼尔·伯特纳、爱德华多·佩齐纳、费德里科·斯卓姆勒、艾德里安·艺玛、罗克珊娜·洛斯丹、瓦莱里娅·穆尼利亚、菲利波·卡耶加利、约瑟夫·阿尔保

摄影师 | 古斯塔沃·索萨·皮尼利亚

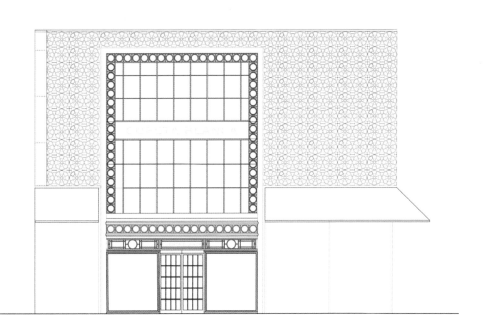

时尚零售商 Cuesta Blanca 的最新旗舰店位于布宜诺斯艾利斯最重要的商业街——圣达菲大道。这一阿根廷品牌因其诱人、愉悦的奢华环境和独特氛围而闻名。而设计的难度在于如何将往日的影院改造成多层商场。

极尽奢华的店面，合理的搭配布局足以引人进入室内。店面外观融合多种材料，

黄铜、玻璃、金属黑色屏风和金色 LED 照明通过极复杂的图案设计结合在一起，给商店整体犹如覆盖了一层面纱。剧场式样的顶罩即为商场入口，一楼入口处锃明的黄铜门，令经过此处的人们尽享时尚与建筑融合的美妙。

服装店

阿根廷女装品牌 Cuesta Blanca 佛罗里达店

阿根廷，布宜诺斯艾利斯

面积 | 1000 平方米

设计公司 | Botner - Pecina Arquitectos

设计团队 | 丹尼尔·伯特纳、爱德华多·佩齐纳、费德里科·斯卓姆勒、
艾德里安·艺玛

摄影师 | 古斯塔沃·索萨·皮尼利亚

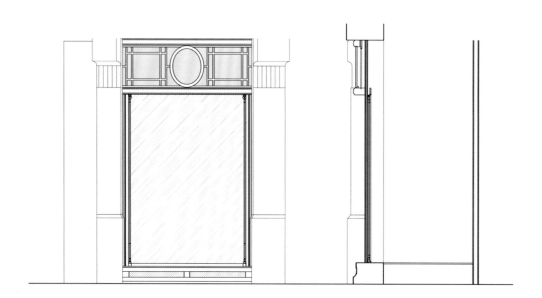

该店位于佛罗里达步行街街角。设计复原了之前被毁坏的大门和橱窗，但又与1914年的原设计有所不同，在保持"美好时代"原有魅力和优雅的同时，新加入的设计强化了品牌传播和整体视觉效果，如 LED 照明设备。

设计复原了位于边道（贝隆大街）上的黄铜边框橱窗店面，又为 LED 照明设备添加了金箔框架，以最大化其视觉效果，在熙攘的街道上营造出强烈的超现实效果。

服装店

完成日期 | 2017 年 7 月

面积 | 300 平方米

设计公司 | MNMA 设计室

摄影师 | 安德烈·克洛茨

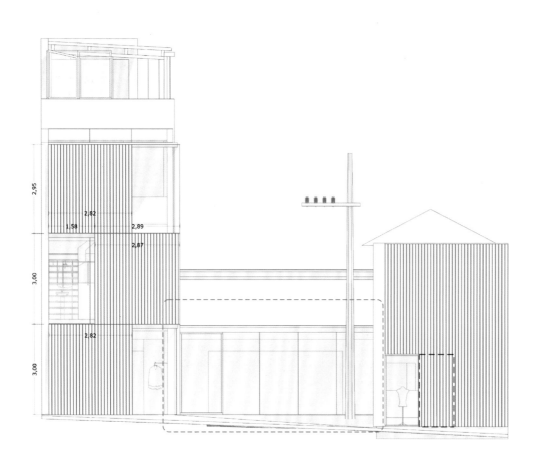

"万物皆有创造，万物皆有过去。"

Egrey 品牌圣保罗店的扩建项目首先考虑建筑对象与周边城市环境的联结。店前的人行道是店内外环境的主要联结，现已直通店内。白色金属镶板构成了店内空间的联结，更为纯粹的背景设计重视空间的通透开阔。店内空间的半通透联结使自然光得以进入，随着光线本身的变化形成了时间流转的内部氛围。我们的设计提案充分考虑了本土规模，在重视周边环境的同时尝试重新诠释新元素。我们相信当建筑不限于实用需求时，才能让用户真正感受到它的蜕变。

Gongo 展室

阿根廷，科尔多瓦

面积 | 250 平方米 / 130 平方米
设计公司 | Christian Schlatter
平面设计 | 马里亚诺·奎斯塔
合作者 | 阿卡·佛洛伦西亚·曼札纳
摄影师 | 冈萨洛·维洛蒙特

Gongo 是一个高档的城市服装和鞋类品牌，为前卫、活力且不断追求变化的顾客推陈出新。集设计和内容空间于一体是 Gongo 店面设计的首要标准，即设计更注重"体验"而非实际的购物行为。

本设计提案旨在改变 Gongo 一贯的服饰陈列方式。

多彩，招徕的店面是由彩色遮阳伞以不同方式和角度搭建而成，从而创造出不同视觉角度下的不同色调。通过这一色彩游戏，店面的设计主旨得以实现，即在喧闹的大街吸引人们的目光。我们保证了店面入口畅通，便于行人进店参观。

IN-SIGHT 概念店

美国，迈阿密

完成日期｜2017 年
设计公司｜OHLAB
设计师｜帕洛玛·贺乃、詹密·奥利弗
摄影师｜帕特丽夏· 帕林杰德

LOGO标识

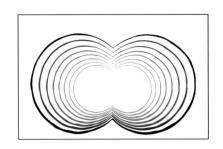

环境

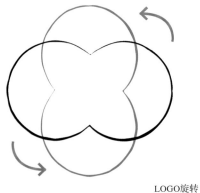

LOGO旋转

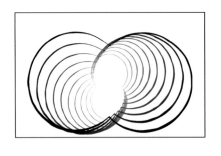

环境

IN-SIGHT 的品牌标识是由两个交错的圆圈组成，类似望远镜的双筒，是室内设计的出发点。通过对双筒形标识的挤压、转变和旋转，创造出一个虚构空间。空间贯穿 24 块白色嵌板，它们沿商店平行排列，形成了一个动态、变化着的几何形隧道，满足了狭长的店内布局。

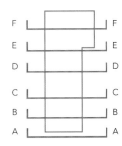

剖面图

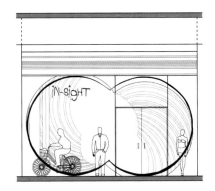

立面图 A–A

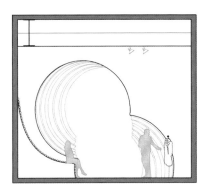

立面图 D–D

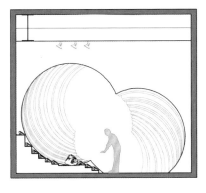

立面图 B–B

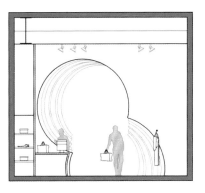

立面图 E–E

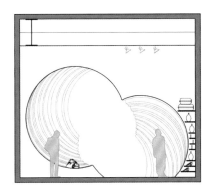

立面图 C–C

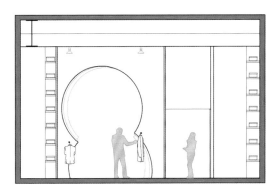

立面图 F–F

Massimo Dutti 品牌旗舰店

墨西哥，墨西哥城

完成日期 | 2016 年

面积 | 1450 平方米

设计公司 | 索尔多·马达勒诺建筑公司

设计团队 | 哈维尔·索尔多·马达勒诺 / 总设计

鲍里斯·佩纳 / 项目领导

费尔南多·索尔多·马达勒诺 / 项目领导

摄影师 | 杰米·纳瓦罗

Massimo Dutti 品牌最新旗舰店位于墨西哥城最负盛名的街道之一马萨里克大街。作为家居领先品牌，Massimo Dutti 被认为是城市的"黄金一英里"，于近期进行了改造，以提升其城市品质。

为了将大楼变成名副其实的建筑作品，成为特殊背景下的审美参照，项目的规模和设计反映出与波朗科区周边环境相融合的愿望。

建筑立面设计符合该地区历史建筑对正式景观的高度和留白设计的标准。矩形模块的节奏由正交金属结构形成，而外观的幕屏设计灵感则是来自对波朗科区传统锻铁栏杆的重新诠释。幕屏生成了一系列在正交网格内随机重复的矩形壁龛。

这是一种灵活生动的建筑结构，得益于内外部强有力的联结。根据内部使用情况，每一个壁龛都是橱窗、展柜或闭锁空间，而打断这一设计的是由三层垂直窗组成的主入口的玻璃屏幕。

幕屏由模具制造，并在其结构中使用了玻璃纤维。它代表了当地传统技术与先进技术的完美组合。

01 初始设计　　　　　　　　　　　　　　　　　　　　　　02 建筑规模

03 调整　　　　　　　　　　　　　　　　　　　　　　04 灵活

展示 □
自然采光 ■
室内陈列 ▨

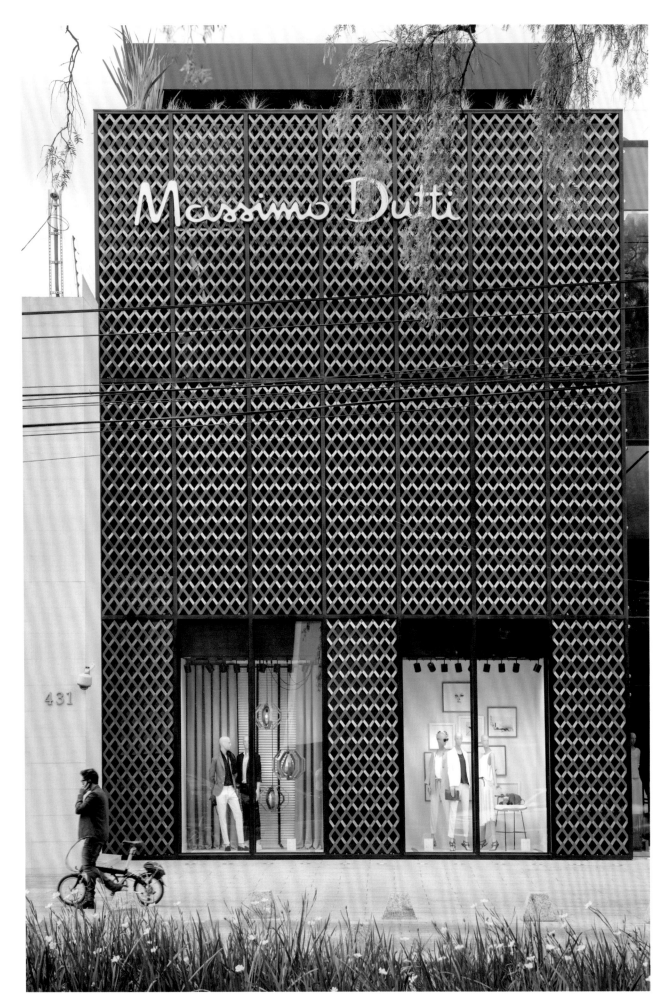

外立面分解图

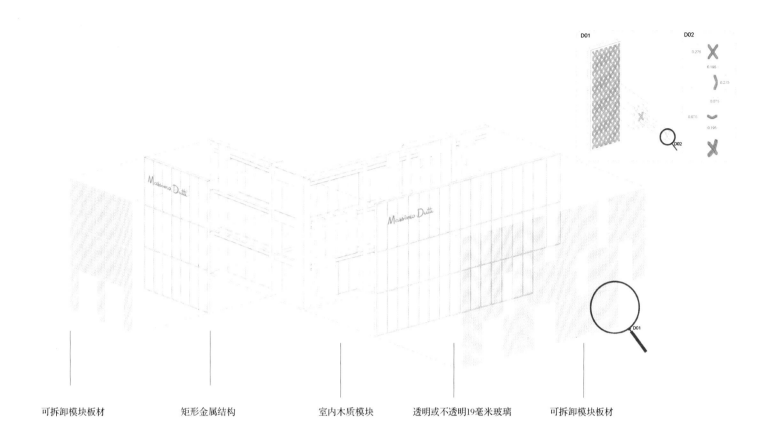

D01   D02

| 可拆卸模块板材 | 矩形金属结构 | 室内木质模块 | 透明或不透明19毫米玻璃 | 可拆卸模块板材 |

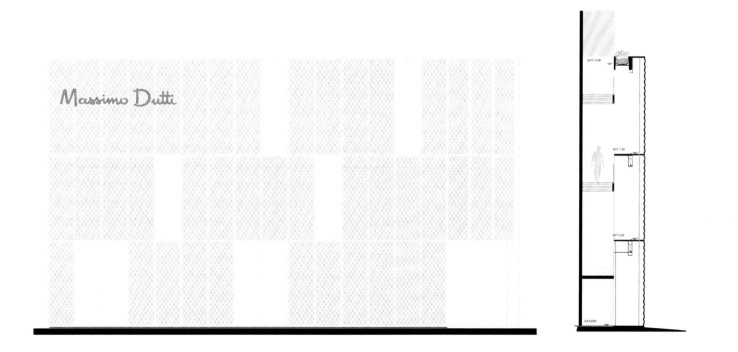

METISEKO 奢华精品店

越南，胡志明市

完成日期 | 2017 年

面积 | 200 平方米

设计公司 | T3 亚洲建筑公司

设计团队 | 特丽莎·葛拉瓦丁、查尔斯·葛拉瓦丁、提洛·艾曼奴

摄影师 | 布莱斯·戈达德

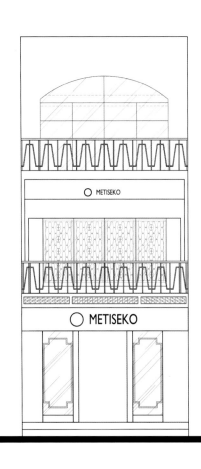

T3 刚刚在胡志明市著名的东桂街完成了 METISEKO 精品新店的设计工作。设计充满挑战，首先在让 METISEKO 品牌位列奢华前沿的同时需保留它既往"灵魂"。其次，通过创造露台式建筑，在现有的"破旧"楼内开办奢侈品店，为门店提供有趣空间，引导顾客上楼参观选购。

T3 做到了这一切！通过重拾 METISEKO

装饰元素，如木砖、木雕等，并混合现代新元素，如：传统的漆木家具、正宗的粉刷墙壁和装饰面板、黄铜金属框架等，T3 实现了简易奢华。

MISS LI 品牌女装

中国，杭州

面积 | 205 平方米
设计公司 | 杭州观堂设计
设计师 | 张健
摄影 | 刘宇杰

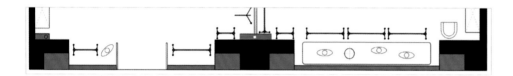

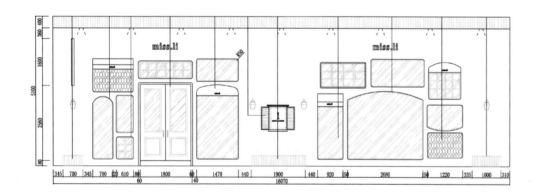

Miss li 是纳纹品牌新推出的另一女装系列，顾名思义，miss li 就是莉小姐，也就是关于其创始人自己的故事。莉小姐从小对一切关于服装的事物充满好奇和热情，在她脑海中，一个完美的女人形象，应该是柔和的、迷人的、浪漫的、甜美的、充满爱心的，对生活是积极乐观，对事业是敢于创新的。

所以店铺形象及外立面设计上，重点在于渲染年轻的、热爱生活的、积极向上的氛围。其中一个很大的手段便是窗格，店铺内的隔断、货柜、区域划分、试衣间，包括外立面的橱窗设计，都运用了窗格，有真实的，有虚幻的，有贴纸的，有玻璃的，各种类型，也象征着 miss li 品牌的多元化、对新事物的充满好奇与高接受度。

STYLE & PLAY GREAT YARD 原宿店

日本，东京

设计团队 | 基努科·库尼托（总设计）、艾科·奥多维兹
平面设计 | 诺佐米·卡尼科

运动装已不限于体育馆或瑜伽课上穿着，在日常生活中随意穿着。STYLE & PLAY GREAT YARD 以融合运动和潮流为理念的服装店最近在东京的潮人集聚区原宿开业，目标客户为 20 岁左右的年轻人。该店提供正宗运动服饰品牌，如耐克、阿迪达斯、李维斯滑板系典藏牛仔裤等，与原宿地区的街头文化深度融合。

黑色梁柱覆盖门面，代表环绕庭院的树木和篱笆。这些设计突出了室内灯光效果，凸显了活力氛围，提高了顾客光顾预期。

服装店

VER 圣达菲店

阿根廷，布宜诺斯艾利斯

完成日期 | 2015 年 5 月
面积 | 200 平方米
设计公司 | 博特纳 - 佩奇纳建筑设计
设计团队 | 丹尼尔·博特纳、爱德华多·佩奇纳、费德里科·斯卓姆勒、
艾德里安·艺玛、罗克珊娜·洛斯丹、瓦莱里娅·穆尼利亚
摄影师 | 古斯塔沃·索萨·皮尼利亚

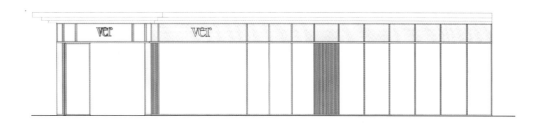

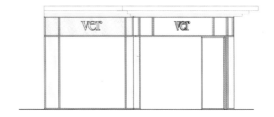
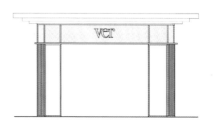

项目标志着 VER 这一致力于女装和配饰的阿根廷本土品牌的新形象的开始。该店位于布宜诺斯艾利斯的重要商业区，坐拥百年历史精品建筑。为吸引更广泛的目标客群，设计要求为年龄在 20～60 岁的女性顾客提供温暖、现代、温馨的环境，使她们享受到 SPA 或度假一般的购物体验，如设计装饰中的绿色天井效果，北欧美学艺术和亮木等便促成了这一购物体验。如同品牌亟须打开国外市场一样，新的店面形象也需要吸引本国乃至国际市场的注意。为了营造更大的空间感觉，设计师设计了延绵统一的外观。选用铜材料框饰门面，给人既复杂又温暖的感觉。外立面也被用作将内部体验进行外部展示的工具（如商店橱窗实际上是店内服装的展示专区），让顾客保有置身店外的感觉同时，自然光线又为她们平添了一分购物体验。

Voda Swim 比基尼

中国台湾，台北

完成日期 | 2016 年 6 月
面积 | 43 平方米
设计公司 | MW Design
设计师 | 米歇尔·魏
摄影师 | 图 × 李国民摄影事务所

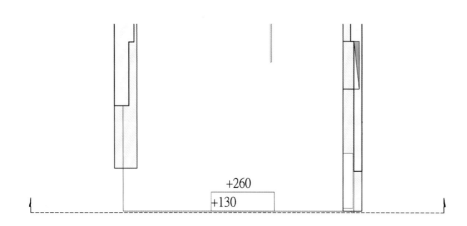

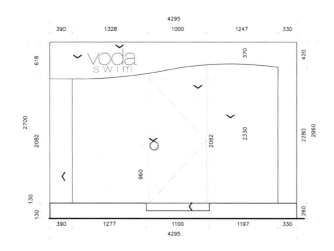

美国泳装品牌 Voda Swim 将比基尼带到了新高度，其独家专利技术 Envy Push Up 旨在创造迷人胸部，树立女性自信。设计理念是用白色和抽象的设计来强调比基尼的色彩。

设计师运用海边的元素如海浪与沙滩以抽象的设计概念来呈现 Voda Swim 的店面设计。整间店走白色系，目的是为了衬托出店铺内的主角比基尼的色彩。高低起伏的木作拱门重塑出海浪的波动，拱门长短不一的延伸到砖墙上有如海浪打到沙滩上的模样。当客人踏进 Voda Swim 就会产生置身在海边的幻想。

Freezer 甜品店

以色列，拉马特甘

完成日期 | 2016 年
面积 | 22 平方米
设计公司 | 希利特·考夫曼 & 丽塔·俄菲
设计 | 伊塔·西科斯基

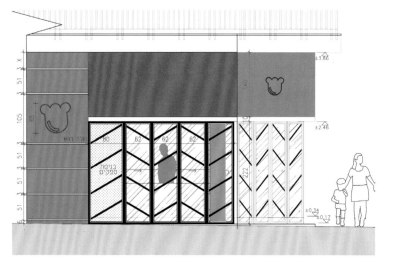
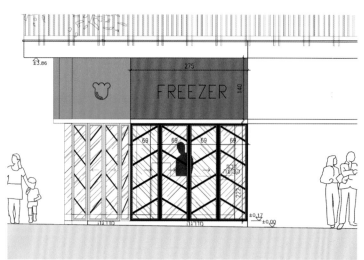

设计师在灰色的背景上保留了这家连锁店的标识和品牌颜色，草莓红，强调了多彩的冰激凌口味。店铺造型独特，前端是三角形，这使得设计师得以将对角线设计概念应用其中，包括地砖、柜台、冰激凌展示柜等，均面对当街的路人，而鲱骨状图案的比利时窗则隔开了店铺内外。设计师摒弃了之前租客留下空间细节，将建筑框架暴露在外。在整体设计上，设计师留空间于自然，从工业领域选用的不同寻常的材料强化了与街道的联系。

甜品店

完成日期 | 2015 年 12 月
建筑面积 | 297 平方米
设计公司 | 怀生国际设计有限公司
设计者 | 翁嘉鸿
摄影师 | 游宏祥摄影工作室

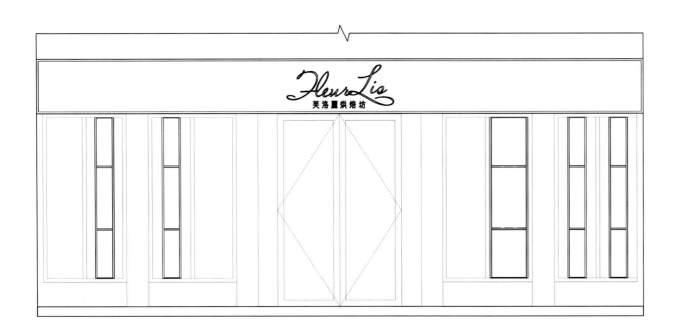

本案为知名饭店旗下的烘焙坊二店。整体风格以工业风为主轴，醒目的树干造形成功吸引宾客的目光，也注入一股原生力量；设计师运用大量铁件、仿锈铁质材营造原始粗犷的工业风个性，并结合复古砖与木质元素，融合出质朴温暖的人文休闲质感。

甜品店

HI-POP 茶饮概念店

中国，佛山

完成日期 | 2016 年 6 月
面积 | 50 平方米
设计公司 | 肯斯尼恩设计
设计团队 | 陈协锦、文伟、熊丽芬
摄影师 | 欧阳云

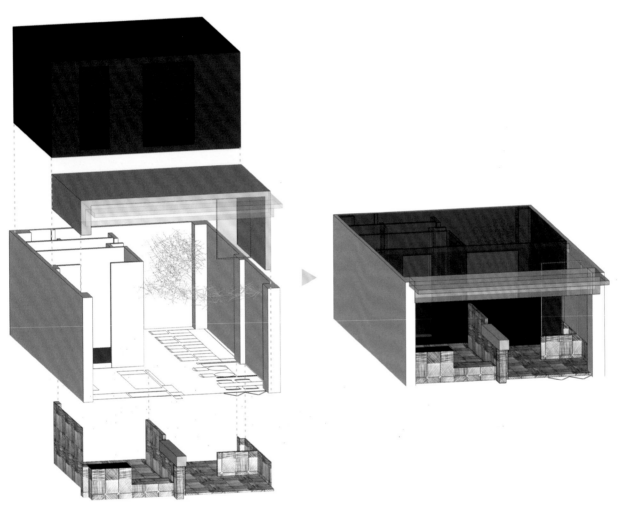

项目性质是一个潮流品牌饮品店，品牌客户群体主要为年轻潮流人士，设计师初步希望将此店结合旧时回忆，创造一间能够继续引领这条旧街道潮流的潮店；同时也希望能结合 HI-POP 品牌的理念，通过设计来升级店面的形象，长远的提升 HI-POP 的社会认知度。

主要运用了黄色与黑色两个盒子空间体块 space block 的联系构造，天花用吸管元素装置由门口一直延伸进室内最深处，串联黄色与黑色盒子，就像饮汽水时充满味道与口感的爆发一样，直入空间深处。外观从地面到墙身的体块采用了素描图案的花砖，令人回想起学生时期百无聊赖，浮躁时用铅笔在纸上乱画圈圈的感觉。

甜品店

Ah-chu 冰淇淋店

韩国，京畿道

完成日期 | 2017 年 3 月
面积 | 69.7 平方米
设计公司 | Wanderlust 设计公司
设计 | 张贤珠、韩慧秀
摄影 | 李载相

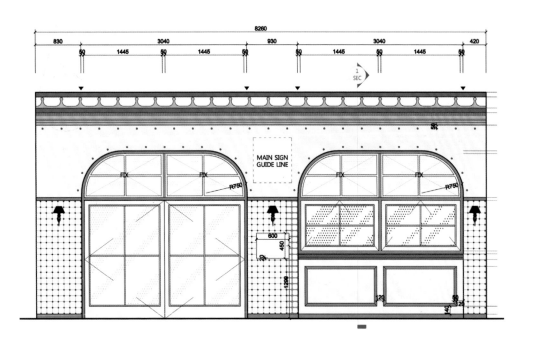

Ah-chu 是一家提供冰激凌和吉事果等甜点的咖啡店。应客户要求，Wanderlust 设计公司为其设计了独特空间，使顾客在店内等待订单时并不感到无聊。

Ah-chu 的外观设计与甜品密切相关。与店内多彩的设计相反，咖啡店的外墙为白色，外墙底部由白色和黑色的瓷砖铺制而成。灯光、间接照明和壁灯照亮了纯净的心，吸引着顾客。店面上部是醒目的冰激凌和吉事果造型的招牌，打造 Ah-chu 专属身份，让人一目了然。入口处的陈列摆设营造了热情的氛围，诚挚地邀请顾客们来到"甜品王国"。迎宾的娃娃士兵以其风趣、质朴、诚恳的表情提升了空间想象和情感设计的力量。双层托盘家具既可以移动，还可以通过其底部夹具来固定。

甜品店

甜品店

巧克力工厂

泰国，华欣

完成日期 | 2017 年 3 月
面积 | 520 平方米
设计公司 | party/space/design 设计事务所
摄影 | F Sections 摄影

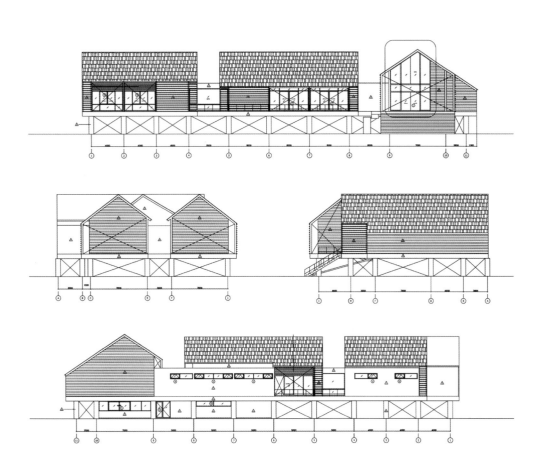

P/s/d 设计团队研习了华欣的历史，对忘忧宫、华欣火车站和希望宫等建筑产生了兴趣。所以他们尝试拓展设计结构，摆脱殖民地建筑特点，以别样的方式打造全新的现代"巧克力工厂"。他们选择了开放空间概念，这也是临海地区的殖民建筑的特征——以"留白"营造空间。

室内设计不仅在讲述故事，各处的平面造型也在描述着华欣的悠远传奇。空间内大量使用了造瓷技术。

可以说，这家"巧克力工厂"甜品店的设计是华欣的历史和 p/s/d 设计理念的融合。

甜品店

Dessance 餐厅

法国，马赛

完成日期 | 2014 年 1 月
面积 | 520 平方米
设计公司 | 约瑟夫·格拉宾工作室
设计 | 约瑟夫·格拉宾
摄影 | 朱利安·利艾弗尔

餐厅位于马赛一幢石宅的一楼，沐浴着从两扇大窗铺洒进庭院的阳光中。约瑟夫·格拉宾尊重现有结构,选用天然原料，在量身打造的金属和乔木上重建并改造了空间，让它与户外花园里的草木浑然一体。

平面设计师朱利安·利艾弗尔与约瑟夫·格拉宾密切合作，打造餐厅的外在形象。创意就是要设计一个标识，一种建筑的视觉暗喻，同时还要与项目的基本理念保持一致，即通过曲线、利艾弗尔的标识设计 Dessance 可简化为首字母"D"，余下的工作是要实现印刷品（菜单）在颜色与材料上的和谐统一。这一过程非比寻常，因此餐厅依据顾客的需要选用了双色牛皮纸、烫金纸，并制作了圆角菜单。

甜品店

甜品店

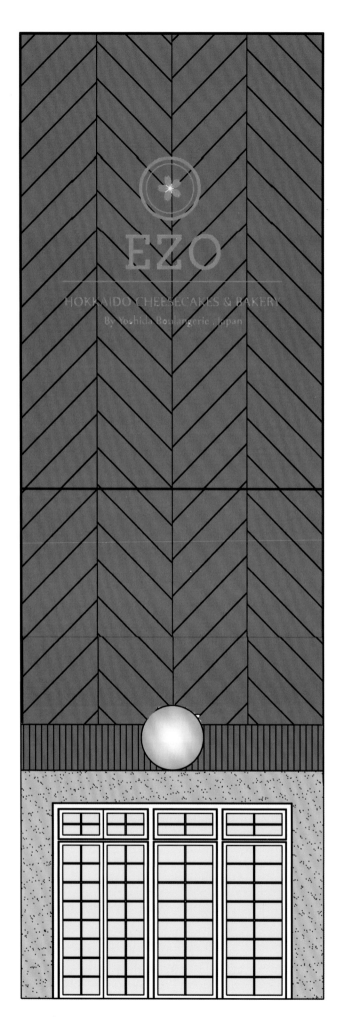

EZO 奶酪蛋糕烘焙店

印度尼西亚，北雅加达

完成日期 | 2016 年
设计公司 | Evonil 建筑事务所
摄影 | Evonil 艺术与平面设计

受日本北海道芝士蛋糕的启发，EZO 专业制作美味的奶酪蛋糕。Evonil 建筑事务所应邀为 EZO 奶酪蛋糕烘焙连锁店设计新颖独特的店面，在保持品牌传统和真实品质的基础上引领公司品牌的创新。

店面设计涵盖经典的日式风格，纯黑色图案和白色文字的组合加强了传统烘焙店的吸引力。入口处的照明，清晰明亮，强调主商品的陈列。

甜品店

完成日期 | 2016 年
面积 | 20 平方米
设计公司 | 栋栖设计
设计师 | 姜南、谢鹏
摄影师 | 刘瑞特

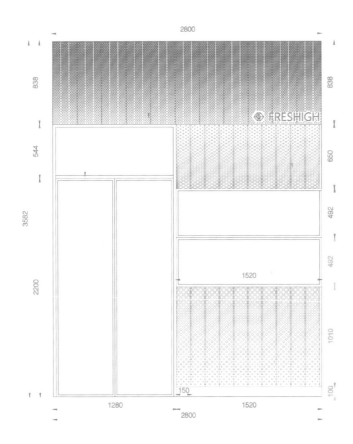

FRESHIGH 饮品店位于上海市中心。如何将这个 20 平方米的小店改造成一个与环境和谐共生，同时能吸引来客的休憩处成为设计的首要任务。设计的最终结果是一间充盈着柔和的绿色、隐藏在老旧的周围环境中让人惊喜的空间，一个人们可以停下来放松、喝一杯健康的果汁，再回到繁忙的城市生活之中的驿站。

外立面改造使用激光切割的不锈钢板，精心设计钢板的分割比例，与半圆柱相呼应，同时镂空内隐约透出绿色，与室内形成对比。立面上完全开敞的折叠门最大程度融合了街道与室内空间，可以上翻开敞的外卖窗口引起路人的驻足和好奇。同时让顾客更直观地看见通过新鲜的水果与娴熟的技艺制作出来的每一杯果汁。

甜品店

完成日期 | 2016 年 1 月
设计公司 | 美国工业设计
摄影 | 杰基·穆尼奥斯

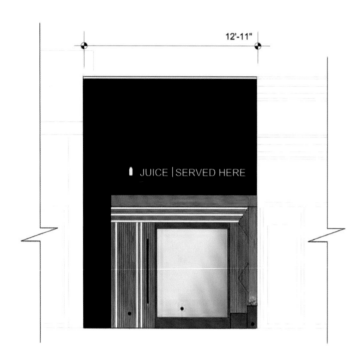

12'-11"

JUICE | SERVED HERE

"果汁静候"位于阳光明媚的影城洛杉矶的万特乐大道，占地面积约 74.32 平方米。该有机果汁零售店为顾客提供瓶装冷榨果汁、咖啡和健康奶昔。设计有意将店铺入口设计成露台，与窗外的街景相隔。露台由暖色的桦木嵌板以几何形状铺设，为店面的玻璃旋转门留出了空间。嵌板结构延续到室内，在高度和顶棚结构方面弥补了狭窄的空间宽度。原材料和裸露的搁栅与围墙齐平，照亮了白色的菜单板，而从后天窗涌进、洒满空间的阳光则成为该店的品牌色。

利用嵌入式露台使店铺与人行道无缝对接，这一动力和灵感也促成了店铺内外空间的用料对比。从巨石状灰泥中雕刻出的木制几何形状提示此处为店铺入口，这也弥补了与人行道间的高度差。由此进入，几何形墙壁嵌板上是暖色的 LED 背光，凸显出货架上的商品和墙面效果。

甜品店

LODOVNIA 冰激凌店

波兰，波兹南

完成日期 | 2017 年 6 月

面积 | 35 平方米

设计公司 | mode:lina 建筑设计公司

设计团队 | 保罗·盖拉斯、杰西·伍兹奈克、安娜·卡茨卡

摄影 | 帕特里克·莱维斯基

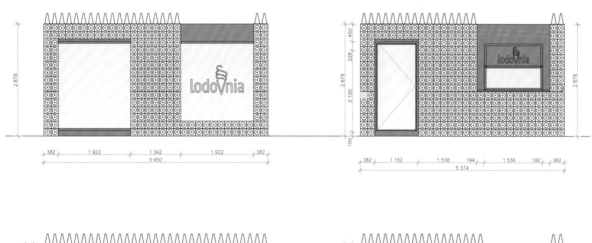

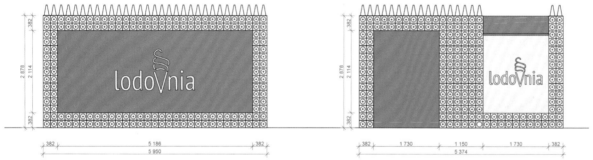

LODOVNIA 是一家外形独特的移动冰激凌店，它位于波兹南市中心的斯塔里布劳沃商业中心。

店铺位于艺术中心区，因此来自 mode:lina 的设计师们以艺术创作的方式为它进行店面设计——从深色的墙面上伸出近 1000 个代表着 LODOVNIA 主打产品的圆筒冰激凌。

巨大的玻璃橱窗不仅让行人一窥店内商品，还很好地映衬了斯塔里布劳沃商业中心周围的建筑。

甜品店

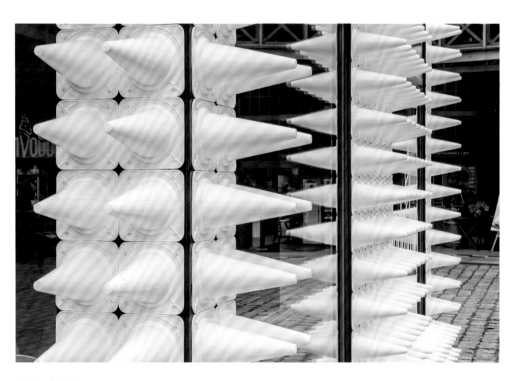

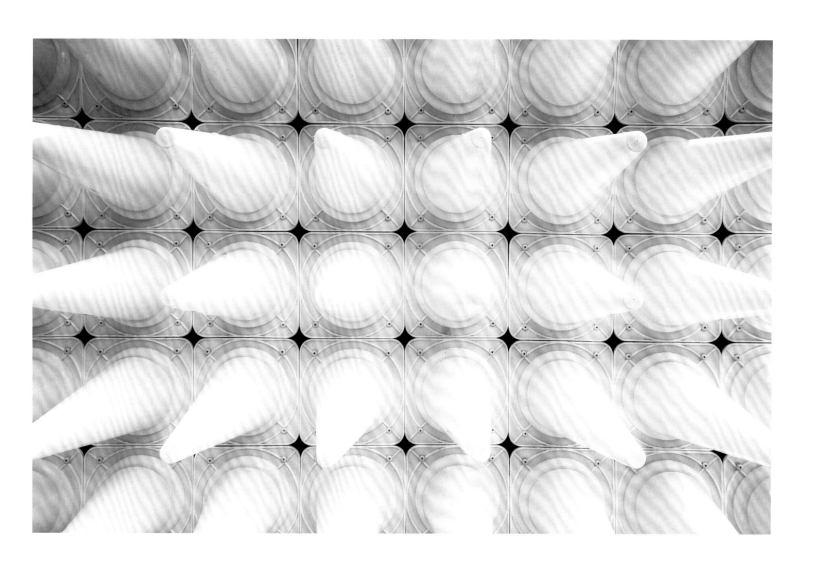

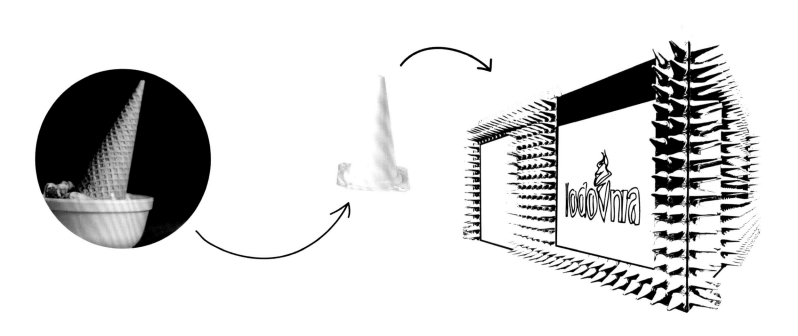

扎维里珠宝配饰店

印度，艾哈迈达巴德

完成日期 | 2015 年
面积 | 119 平方米
设计公司 | DCA 集团（group DCA）
摄影 | DCA 集团（group DCA）

扎维里珠宝配饰店（Abhishek Zaveri）
位于艾哈迈达巴德的 ISCON 购物中心。
小店不大，却汇集了各类传统和现代印
度高端珠宝，通过陈列设计将品牌奢华、
精致的品质展现出来。店面极具印度风
情，以一种现代的方式表现了印度传统
文化，正如这个以印度传统珠宝而闻名
的品牌一样。

配饰店

Ace & Tate 眼镜店

德国，汉堡

完成日期 | 2017 年 2 月

面积 | 145 平方米

设计公司 | 标准设计工作室（Standard Studio）

设计师 | 斯特凡·马克思（Stefan Marx）、伯利特·布里马（Berit Burema）、马克·布鲁梅尔胡斯（Marc Brummelhuis）、德文·韦塞利乌斯（Devin Wesselius）

摄影 | 沃特·范德萨（Wouter van der Sar）

荷兰眼镜品牌 Ace&Tate 的每家店铺都会请一位当地艺术家来设计，以便在设计中恰当地凸显公司的品牌文化。汉堡的这家店，他们邀请的是斯特凡·马克思（Stefan Marx），一位擅长以线条画来表现人物、动物和风景的多才多艺的设计师。他为这个店面创作了大幅彩色墙画。这位设计师也为超威唱片公司（Smallville Records）设计封面和海报。这一点与 Ace&Tate 品牌对音乐的钟爱相契合。标准设计工作室（Standard Studio）由此获得灵感，以乙烯基塑料为材料（压制黑胶唱片的材料）设计了一个 DJ 台，顾客可以在这里听音乐。

配饰店

安南珠宝店

印度，印多尔

完成日期 | 2015 年

面积 | 725.58 平方米

设计公司 | DCA 集团（group DCA）

摄影 | DCA 集团（group DCA）

安南珠宝店（Anand Jewels）位于印多尔市郊著名的购物区，是一家规模颇大的奢华珠宝店，零售空间达 700 多平方米，出售各种价位的独家原创设计珠宝。店主对店面设计的要求是要面向所有收入水平的顾客。设计策略简单直接，就是为所有顾客提供高端豪华的舒适环境。店面外观精美华贵，拱形大门优雅大气。石材的运用以当地工艺为依托，融合印度传统文化，精心雕刻，影射了店内设计精美的奢华珠宝。店名标识及其上方的 LED 屏占据了二楼整个楼层，屏幕上播放品牌的宣传和促销活动。

配饰店

伯拉纳斯兄弟高级珠宝店

印度，新德里

面积 | 111.48 平方米
设计公司 | DCA 集团（group DCA）
摄影 | DCA 集团（group DCA）

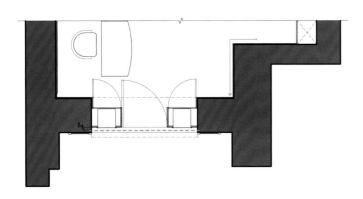

伯拉纳斯兄弟（Bholanath Brothers）是北印度有名的高级珠宝品牌。这家店铺位于新德里的康诺特广场（Connaught Place），面积约110平方米，以精美的原创珠宝设计而闻名。店主希望店面设计能够表现出品牌文化。设计师将传统与现代融合，突出了该品牌的历史和地位，同时追求现代的设计感。

配饰店

Cote&Ciêl 品牌店

中国香港

面积 | 61 平方米

设计公司 | 联图（Linehouse）

摄影师 | Hoshing Mok

Côte&Ciel 的品牌灵感源自海岸（côte）与天空（ciel）的冲击对撞。联图运用自然与城市、内在与外在、镜面与暗淡的对比，在视觉感官上多元地呈现出二者撞击。该店位于香港上环东街，分为两处双层空间：一处位于入口，一处位于建筑后方，与花园相连。

两个空间充斥着垂直的金属管，实现了天空与海岸元素的垂直连接。空间中，金属管表面质地不一，在横向与纵向上按序排列。纵向看，金属管高处为抛光不锈钢质地，垂直向下低处则呈现出毛糙的质感。建筑外观在水平层面渐变，由经过不同方式处理的抛光不锈钢、拉丝钢、粗钢和黑色金属组成。

哈迪兄弟珠宝店

澳大利亚，黄金海岸

完成日期 | 2016 年 9 月
面积 | 164 平方米
设计公司 | "设计诗人"工作室（Design Poets）
设计师 | 阮科（Khoa Nguyen）
摄影 | 托比·斯科特（Toby Scott）

哈迪兄弟珠宝店（Hardy Brothers）的设计初衷是彻底改变该品牌的形象。这是一个有着 160 年历史的老品牌，源自英国。因此，设计师打造了英伦风，同时使用石灰华，让店铺拥有现代元素。店面各个元素的比例经过精心设计，包括立柱的间距、宣传板的大小、橱窗的高度等，形成整体低调优雅的店面形象。

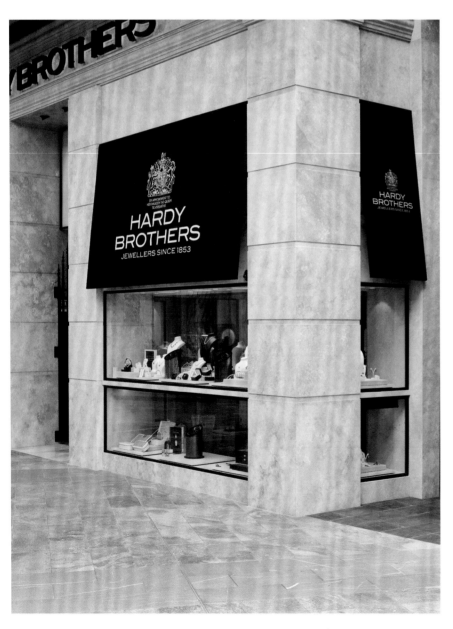

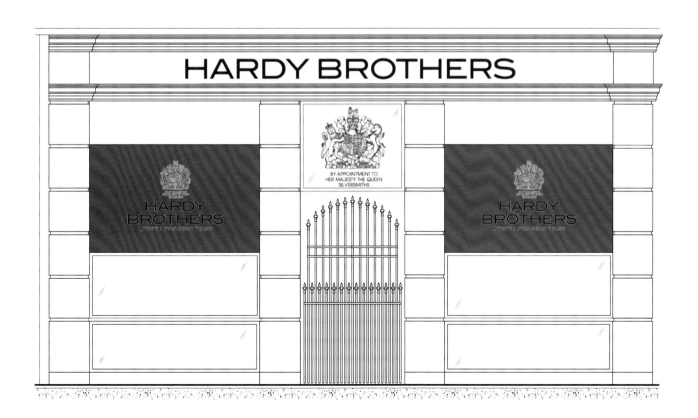

一风骑士心斋桥店

日本，大阪

完成日期 | 2016 年 11 月
面积 | 一楼 115 平方米、二楼 115 平方米
设计公司 | 大阪 VOIGER 设计
设计师 | 吉本肇（Hajime Yoshimoto）
摄影 | 山田星棱（Seiryo Yamada）

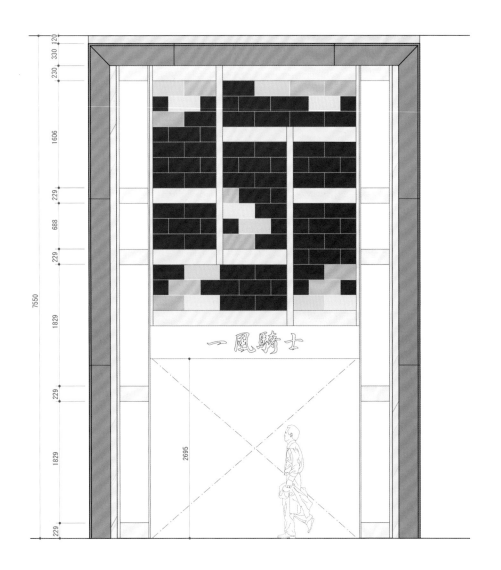

一风骑士（IPPUUKISHI）是东京一带的二手奢侈品店，这是首次进军大阪。这家店铺位于一条名叫"心斋桥"（Shinsaibashi Shoutengai）的商业街上。这里是日本国内外旅行者最爱的景点之一，为一风骑士进军大阪的首家门店提供了优越的地理位置。

店主要求店面外观简单而又有视觉冲击力，一楼箱包区要求白色，二楼珠宝名表区要求黑色。

由于店门狭窄，高 4 米，所以设计师采取了店门尽量后退的方式，狭长的店内空间两边都是带照明的展架，看上去非常吸引眼球。前方的彩色玻璃墙采用了该品牌的标识色（绿色），恢宏大气，让人印象深刻。

地面设计是普通的黑色瓷砖，凸显两边的展架。天花板上的吊灯是原来就有的，整体店面显得简洁优雅。

配饰店

龙骧精品店

意大利，佛罗伦萨

完成日期 | 2015 年 6 月

设计公司 | 巴黎龙骧（Longchamp Paris）、17 区建筑室内设计
（Area-17 Architecture & Interiors）

摄影 | 彼得罗·萨沃雷利（Pietro Savorelli）

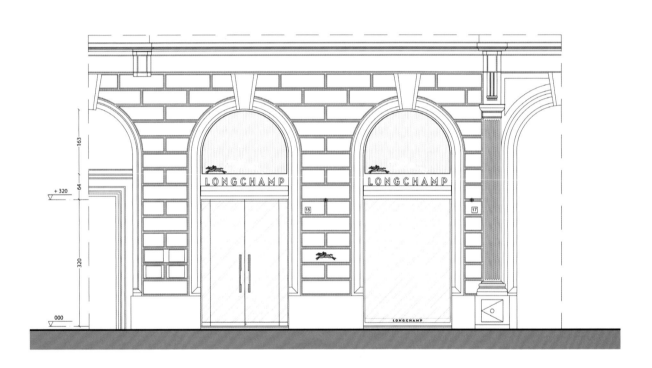

这家龙骧精品店（Longchamp）位于佛罗伦萨市中心，几步之外就是著名的文艺复兴时期建筑物。这栋大楼本身也是一座历史悠久的宫殿。店铺外立面简洁优雅，上面两个狭长橱窗，以极简主义风格展示了几件精美服饰，不会影响到从街道透过橱窗向店内观看的视线。

室内装修精美，环境舒适、通透、简洁、明亮。室内设计侧重低调奢华，旨在让顾客把注意力放在店内商品上。色彩上使用中性色，搭配多种精美材质，为多姿多彩的商品展示提供了良好的背景。

配饰店

梵克雅宝银座店

日本，东京

完成日期 | 2016 年

设计公司 | 乔安 + 曼库室内设计工作室（Jouin Manku）

设计师 | 帕特里克·乔安（Patrick Jouin）、桑吉特·曼库（Sanjit Manku）

平面设计 | 伊美哈工作室（Héméra Studio）

摄影 | 仲佐建筑摄影（Nacasa & Partners）

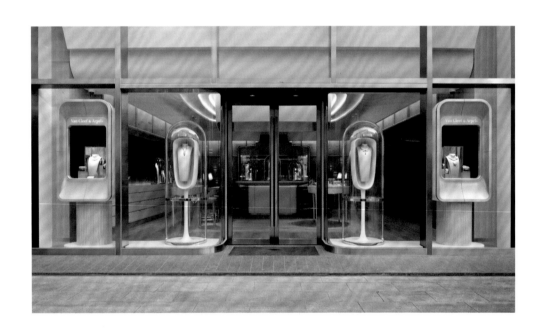

法国珠宝世家梵克雅宝（Van Cleef & Arpels）在东京银座的这家店铺，邀请了法国著名的室内设计二人组乔安 + 曼库工作室（Jouin Manku）操刀设计。店面标识的位置很高，充分利用了大楼的高度。两位设计师从建筑表皮上的菱形穿孔获得灵感，设计了一张铝制金属网，像一张轻盈的帷幔一样，覆盖在建筑外面，从店内也能看见。这个表皮结构的设计耗时六个月。设计师先在法国制作了模型，然后才在日本完成了这个 6 毫米厚的铝板罩网。

光亮的建筑表皮折射太阳光线和周围的城市照明，让整个大楼看起来好像在动一样，熠熠生辉。开窗不是常规方式，阳光能够照射到室内，营造出温暖舒适的室内环境。

夜晚，隐藏在铝板后面的 LED 灯让外立面闪闪发光。设计师与日本当地的照明设计公司合作，店面可设定各种照明效果。

配饰店

曼陀丽手机手表专营店

越南，河内

完成日期 | 2016 年

设计公司 | 兰德马克建筑设计（Landmak Architecture）

设计师 | 陈越富（Tran Viet Phu）

摄影 | 钱德留（Trieu Chien）

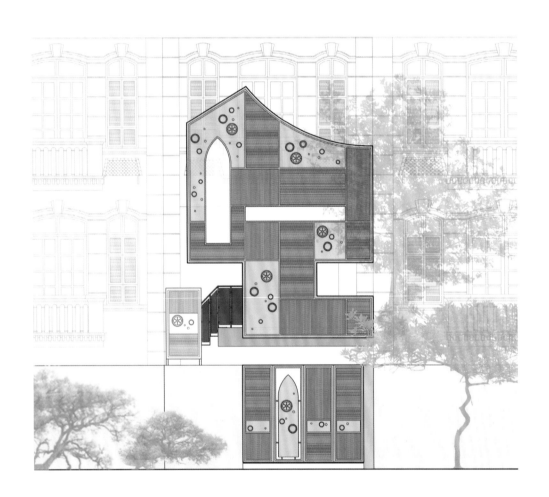

曼陀丽手机手表专营店（Mantory Exclusive）是越南的一个销售高端手机和手表的品牌店。追求差异化的人可以在这里私人定制属于自己的各式各样的精美手表，这是现代人追求个性的一种方式。设计师为这个品牌打造了一间陈列室，展览其各式手表和手机。

店面外观就像一面超大号的盾牌，完美融入周围环境。设计语言的灵感来自机械设计、手表设计以及周围的新古典风格建筑物，整体效果和谐统一。外立面令人过目难忘：既有盾牌的坚实感和工业风，又有一丝莫名的温柔、浪漫气息。

配饰店

设计公司 | "那家设计"（That Design Company）
设计师 | 普里西拉·皮门特尔（Priscila Pimentel）
平面设计 | 乌利安姆·波莱特（Uiliam Polett）
照明设计 | 爱德华多·贝克尔（Eduardo Becker）
摄影 | 普利科托三角（Proyecto Triangular Team）

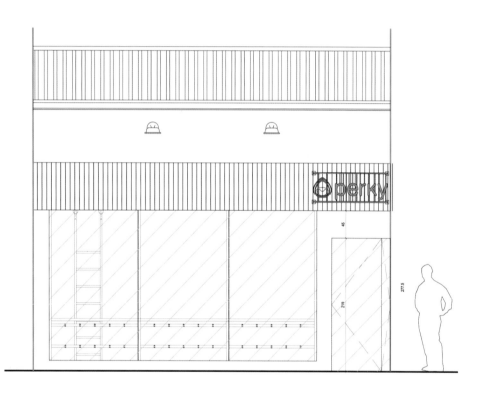

这家佩基懒人布鞋专卖店（Perky）是这个巴西品牌在阿根廷的第一家门店。阿根廷不仅有他们的传统帆布鞋"奥帕嘉图斯"（Alpargatas），也是佩基这个品牌的创始人的故乡。店铺选址在布宜诺斯艾利斯省的首府拉普拉塔（La Plata）市郊一个名叫"城市之钟"（City Bell）的小镇。这个项目是巴西之外的佩基全球特许经销店中首家使用"那家设计"原创设计概念的店铺。

设计理念是既体现这个品牌的灵魂，同时树立这家店铺的独特形象，要适应阿根廷消费者以及店铺所在环境（这是购物中心外面的几家商铺之一）。店面门脸的设计使用了吊架，由松木板和绳子构成，从上面悬垂下来，可随意移动，布置在窗口需要的任何位置，用于橱窗展示，非常实用。店名的LOGO标识牌采用铁和木结构，跟店内收款台处的发光标识几乎一模一样。室内设计的目标是效仿巴西本土的佩基鞋店（Casa Perky），在异域的国家，面向不同的文化、不同的顾客，创造同样友好的、家一般的氛围。店内有个夹层，增加了展示的空间，赋予这家店铺更多的可能性。

配饰店

鞋架

德国，新明斯特

面积 | 340 平方米
设计公司 | 城市设计（Urban Agency）
建筑设计 | 德国 Esplant 设计公司
摄影 | 托马斯·伯布里克（Thomas Berberich）/ 城市设计（Urban Agency）

"鞋架"（Shoe Shelf）是德国 stübenfuß & schuh 品牌在新明斯特市新开的一家旗舰店。该品牌始创于 1895 年，是德国历史悠久的制鞋和零售的传统品牌。这家店铺是一栋两层建筑，大面积的玻璃开窗使其看上去通透、开敞，同时集建筑立面、橱窗展示、美化街道等功能于一体。

服务、质量、诚信可靠、融入当地是这个品牌的关键词。建筑设计传达了上述特点，希望带给顾客的不只是简单的购物。作为公共环境的一部分，它面向公众呈现的是一个开放、创新的建筑形象，

将功能、设计和品牌合而为一。独特的几何造型绝对为街道环境添彩，已经成为公共环境中的标志性建筑物。外立面设计是从地面到顶层的一个超大型木制货架，对室内和室外来说都是大型的橱窗展示。从外面看，整个店面就是一个活字字盘，盘框内灵活变化展示鞋品。从室内看，展示架仿佛镶嵌在不断变化的城市背景中。

室内主要是现场浇筑的混凝土框架结构搭配木质展架。混凝土界定出空间框架，并将空间分割成一系列单层或两层举架高度的空间。

配饰店

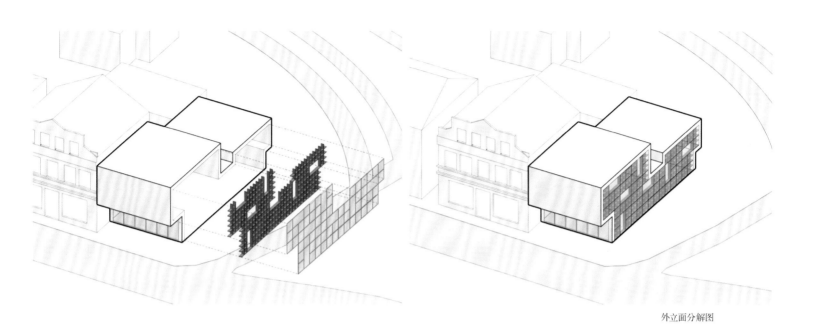

外立面分解图

配饰店

佐夫眼镜超市自由之丘店

日本，东京

面积 | 98 平方米

设计公司 | 东京 DRAFT 室内设计

设计师 | 山下泰树（Takayuki Yoshioka）、国头希穗子（Kihoko Kunito）

项目经理 | 吉冈隆之（Takayuki Yoshioka）、日野晃太朗（Kotaro Hino）

平面设计 | 金子希美（Nozomi Kaneko）

摄影 | 矢野寿行（Toshiyuki Yano）

这是东京新开的一家专营眼镜的超市。这家眼镜店主打"超级市场"的概念，目标是不仅面向戴眼镜的顾客，也能让普通顾客不时走进店里逛逛，欣赏一下最新款的眼镜。蓝色的外立面凸显了店铺的存在感，非常吸引过往行人的目光。

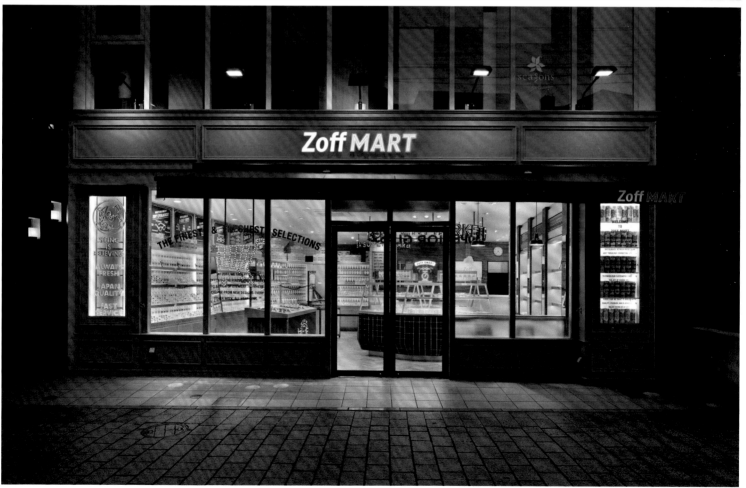

配饰店

Airspace 餐馆

泰国，巴蜀府

完成日期 | 2016 年

面积 | 750 平方米

设计公司 | 假设设计公司、PIA 设计公司

摄影 | 凯西雷·翁旺

该项目由 Hypothesis 设计公司和 PIA 两家室内设计公司合作完成。华欣是泰国巴蜀府最传统的海滨胜地，自拉玛五世以来，泰国的皇室成员和精英们经常在此度假。它也是泰国航空的发祥地。所以，当 Hypothesis 设计公司受邀设计巴蜀府的 Airspace 餐馆时，航空、航海以及建筑就成了这个钢铁"谷仓"框架及其内部设计的主题。

餐馆正面由玻璃包覆，在此经过的路人可看到室内的活动，同时这也使得餐馆奢华的外部景观与其室内设计相融合。长方形建筑的后墙是一排木板，将室内分成咖啡厅和餐厅，由一个户外庭院相隔。透明的餐馆正面也将室内空间与户外座位区以及北侧的小型音乐舞台连接到了一起。

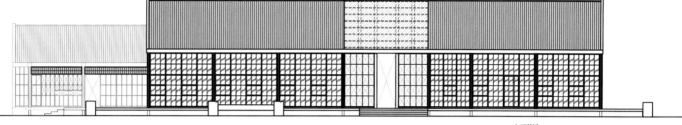

立面图

餐厅

完成日期 | 2013 年
面积 | 88.26 平方米
设计公司 | group DCA

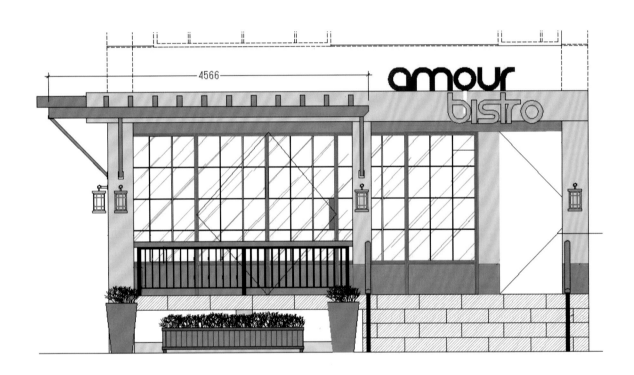

恋情酒馆是地处新德里中心的一家小酒馆，其设计精妙在于创造出一种"大隐于市"的自然和轻松之感。餐馆的外观体现了城市的律动和人间的真情。

设计意图正是将简约甚至是极简的元素与朴实的色调相融合，赋予空间以优雅的用餐环境。恋情酒馆代表着纯正，是传统与现代的统一。建筑的外立面进行了重大改造，采用了新的开口方式，最大限度地利用室内空间，优化建筑的最大允许高度，迎合新德里南部豪华地段周边外籍人士的口味。全玻璃外墙使得餐馆内部一览无余，到此就餐的食客们可尽享每寸空间。开放式空间理念应用于室内空间规划，保证了空间利用率和有序就餐。

康弗里亚·凯罗美食餐车

巴西，雷格里港

完成日期 | 2016 年 10 月
面积 | 45 平方米
设计公司 | 卡莉建筑
设计 | 利贾·比奇尼
摄影 | 马塞洛·多纳努斯

解决店面空间的难点在于前门的停车场以及它低洼的地势（低于人行道）。

项目设计的出发点是维护公司历史——发迹于一辆美食餐车，用户希望不失原意地保留"餐车"这个名字。因此，设计理念就是将传统的餐车的动态特征带入到新式餐馆，而最大的挑战便是这几近于地下的低洼地势。

为消除封闭感，设计采用了面积巨大的公园全景照作为壁纸，将自然带入室内空间。

将内部区域的概念应用于外立面设计，设计旨在创造通往公园深处的入口，如同常见的公园大门。木条构成了这个框架，而金属盒子（在展览区使用同样的材料）则打造了标识，吸引着人行道上来往行人的注意力。

餐厅

科威奇峡谷厨房和冰吧

美国，华盛顿

完成日期 | 2015 年
面积 | 557.42 平方米
设计公司 | 格雷厄姆·巴巴建筑事务所
设计 | 布雷特·巴巴、弗朗西斯科·博格斯、安迪·布朗
摄影 | Lara Swimmer 摄影

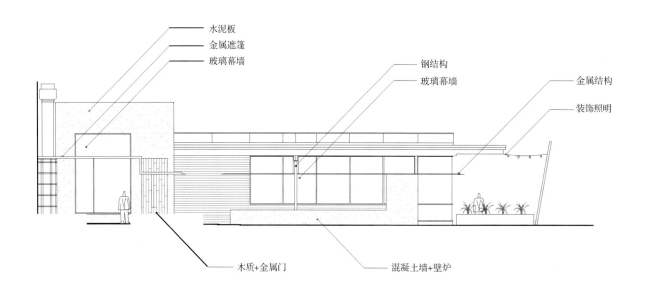

水泥板
金属遮篷
玻璃幕墙
钢结构
玻璃幕墙
金属结构
装饰照明
木质+金属门
混凝土墙+壁炉

一个世代务农的家庭，以他们对美食的兴趣和渴望来复兴雅基马县，扭转颓势。他们选择市中心，创建了一个酒吧餐厅，主打当地的美酒佳肴，将梦想化为现实的行动。从材料的忠实使用、对农语的推崇、对峡谷历史的尊重到餐厅定位所带来的效果，该项目为印第安民族复兴注入了力量。

项目中的两大元素——厨房和冰吧——被认为是独特而又彼此联结的整体。冰吧为木制、现浇混凝土结构，拉近了与人行道的距离，并与周围建筑风格趋同。厨房为木质结构、玻璃幕墙，推远了与人行道的距离，通过餐位小广场直通街角。

店面强调透明度，让路人看到室内一切活动。大玻璃板将窗户分隔最小化，确保尽可能多的可视性。采用车库门，使得天井的内外空间相融合。餐厅的北、西、南三面与人行道间的距离为户外活动和餐饮创造了空间，将建筑的使用者与城市相连。

完成日期 | 2016 年

面积 | 39 平方米

设计 | 伊尔哈姆·苏丹尼·德赫纳维

摄影 | 埃米尔·马苏德

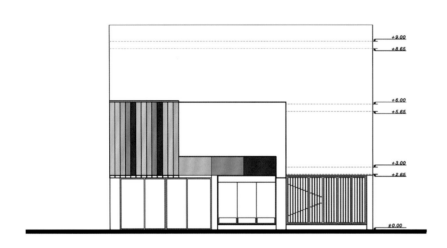

该项目需要热情和友好的氛围，因此丰富的色彩和材料，繁茂的草木和充满活力的家具以及适度的照明都为就餐体验和周围环境之间建立了强力的联结，并激发来往路人的就餐欲望。该项目的主要构思来自伊朗地毯——它的组织结构及其最大的灵感来源——自然。该设计的外部由带有伊朗传统色彩的彩色条纹组成，内部继续使用不同的材料。因此，

设计创造出了一个连续的空间，使得由外到内的各种设计元素清晰可辨。因面积有限（39 平方米），可用空间小，设计需采用轻质材料，包括木材、纱线、型钢和床单。在外观上，一部分为彩色条纹，使用铁板和外墙涂料，另一部分为砂浆和外墙涂料。空间内的其他彩色条纹采用地毯编织法，由用于编织地毯的棉纱制成。

餐厅

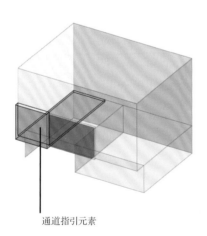

通道指引元素

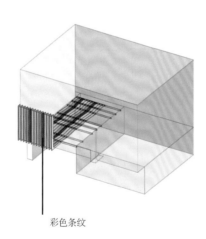

彩色条纹

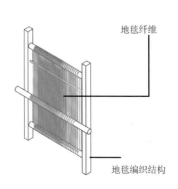

地毯纤维

地毯编织结构

金属型材

铁板

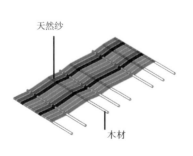

天然纱

木材

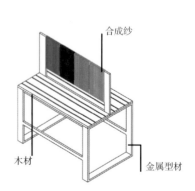

合成纱

木材

金属型材

El Moro 餐馆

墨西哥，墨西哥城

完成日期 | 2015 年 12 月

面积 | 818 平方米

设计公司 | Cadena+Asoc. 概念设计

摄影 | 莫里茨·伯努利

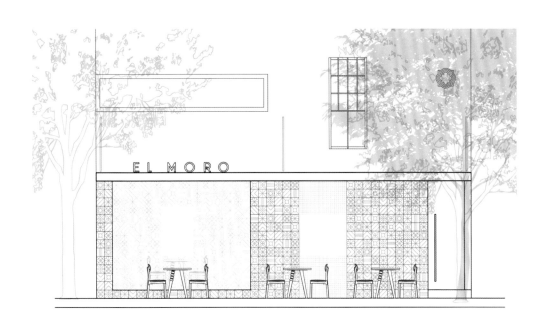

因提供口味独特的上等巧克力热饮和吉拿果，成立于 1935 年的 El MORO 餐馆在墨西哥城一直备受欢迎。

了解家族历史及其价值观并将其融合到新的店铺设计中是该项目设计的指导原则。设计灵感主要来自经典的瓷砖墙面，连同彩色玻璃窗和产品，这些使得 El MORO 餐馆别具一格，多年来令顾客满意。

新图纹考虑了设计元素间的意象关系，提供了简化形式，用极简却更为新鲜、动感的表达保留了餐馆的精华。新的形象设计演绎出无穷无尽的组合，广泛应用于品牌的打造与宣传，外部建筑和内部结构中。这一色彩搭配赋予了品牌个性，与以糖为灵感的白色形成对比。

语言和家具的结合形成了独特的表达方式，让人想起墨西哥的黄金时代。当时，"装饰风"大行其道，在市区海报、电影、字体和建筑随处可见，它们提供了足够的图形元素和符号，甚至是通过不同的艺术手段进行着交流。从而形成了全新的理念，使人们在新的品牌体验中与集体潜意识在情感上相联结，表达 El MORO 餐馆真实的品牌内涵。

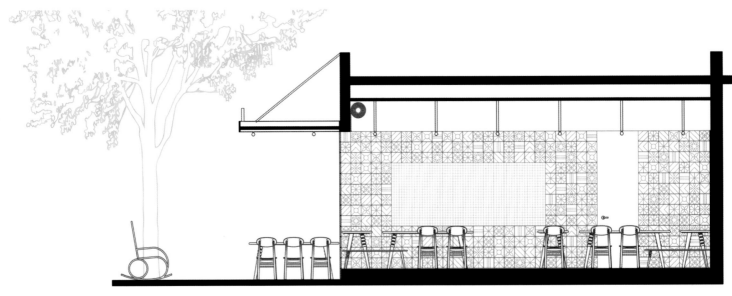

立面图

餐厅

Fish Cheeks 餐厅

美国，纽约

完成日期 | 2016 年 9 月
设计公司 | 纽约空间
设计 | 安德斯·奥尔森、克莱·克莱德
摄影 | 周康妮

Fish Cheeks 餐厅因瘦嫩的颊肉得名，这种肉被认为是鱼身最美味的部分，在世界许多地方都是美味佳肴。由纽约空间（NY）设计的明亮而诱人的 60 座空间以现代的方式向传统泰式建筑致敬。彩色的扇形瓷砖和木瓦遮棚模拟鱼鳞和泰国寺庙屋顶。扇形细节的重复运用给人以延续感。受传统的泰式镶板启发，在餐厅的吊篮灯光照明下，白色的木质壁板给室内空间以温暖。材料精选自泰国本土，包括用于装饰宴会餐垫和百叶门的传统泰式织品，与整体设计融合。

Fish Cheeks 餐厅门店正面与现有砖面相结合，在向泰式海鲜及寺庙致敬的同时又有所创新。店面为白色砖面，点亮外部空间的同时又与室内设计延续统一。店面的遮篷由钢和柏木制成，瓦片为手工涂色，分为红、绿和黄色，采用典型的泰国寺庙屋顶图案，同款样式还应用于酒吧内部。明亮、诱人、干净、与众不同，是设计师在整体设计中力求达到的品质。

完成日期 | 2015 年 1 月
面积 | 118.66 平方米
设计公司 | AREA CONNECTION 室内设计公司
设计 | 渡边夕树、藤田真理子
摄影 | 纳萨卡 & 合作伙伴摄影公司

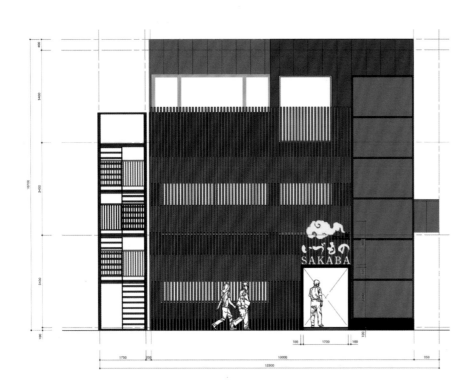

据日本神话传说，出云市为神聚之地，IZUMONO SAKABA 餐厅正位于此地。这也是该品牌继在松江市开业后的第二家主店铺。我们致力于该店设计。客户请求我们"外观设计要具视觉感"，其余由我们自由发挥。所以我们参观了住吉大社以便研究和考查出云的"身份特征"。我们发现了地祇（Chigi），日式宗教建筑中传统的叉形屋顶，而这正是我们所需要的。基于这一灵感，我们在视觉上为店面设计了动感而又精细的网格结构。内部空间以平和的日式现代风格为主——每个房间都完全分开而又绝对私密。我们将日本神话中的"八云"视觉化，并将这一主题图纹应用在店内各处，为空间增添了神秘氛围。

餐厅

唐·沙瓦玛餐厅

厄瓜多尔，巴巴奥约

完成日期 | 2014 年
面积 | 100 平方米
设计公司 | 自然未来建筑公司
设计 | 何塞·费尔南多·戈麦斯
摄影 | 胡安·阿尔贝托·安德雷德、自然未来

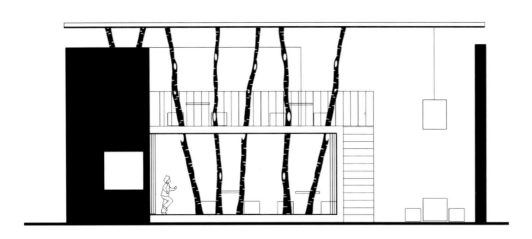

唐·沙瓦玛餐厅位于一处住宅的前院。住宅的主人在厄瓜多尔的巴巴奥约市中心开了家沙瓦玛（中东地区的一种食物）餐厅，旨在用较少的资金在异国他乡保留家乡的味道。

在原本用来兜售外卖的一楼和阳台处，利用光线和开放空间，营造出与环境的连接。然后使用在当地被称为 palafitos 用来在空地建房屋的柚木支撑结构，加

以当地技术和劳力完成了餐厅建造。

一个建筑就是对一地一城的理解和改造，它需要更多的交流与开放思想，思考如何利用自然元素，使自然物质的美成为建筑与人连接的一部分。因此，设计时很重要的一点就是既要收集历史经验又要考虑到生活实际，使个体和整体完善，用较少的投入实现改观是整体设计的关键。

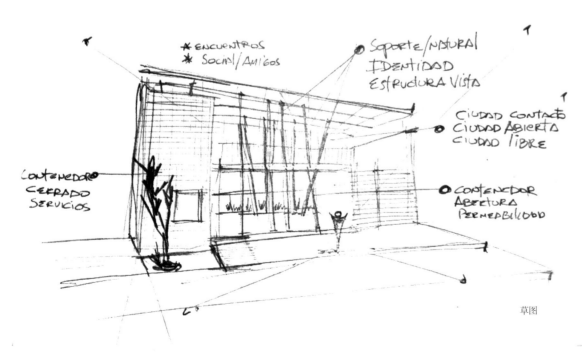

草图

餐厅

1 磅牛排和汉堡武尊（餐馆）

日本，大阪

完成日期 | 2017 年 5 月
面积 | 106.23 平方米
设计公司 | 区域连接设计公司
设计 | 渡边有希
摄影 | Nacasa & Partners 摄影公司

1 磅牛排和汉堡武尊（餐馆）是 KooKoo & co. 公司的第八家门店。在热腾腾的钢板上，多汁的牛排和大块的汉堡令人垂涎，菜品的魅力、员工们的活力都令人难忘。设计理念来自这些美味的菜肴，即使餐厅成为"表达美味的空间"。在实际造型的基础上，如某个往嘴里塞牛排的食客，设计师就以他为蓝本制作了一些诱人的卡通形象并应用在餐馆各处。

空间构成方面，餐区没有隔断，顾客可以直接感受到这家餐馆富有的活力。餐馆外立面全玻璃设计，使得内部清晰可见，传递店内氛围，令排位就餐的顾客食欲大增。"平衡感"是设计的关键。设计正是要分清主次并通过"加"和"减"来构建空间。这一次，设计的空间平衡得益于对员工、顾客和美味菜肴的添加。

开饭川食堂竹北店

中国台湾，新竹

完成日期 | 2015 年 7 月
面积 | 365 平方米
设计公司 | 诚砌设计有限公司
设计者 | 陈文豪
摄影师 | 郭家和

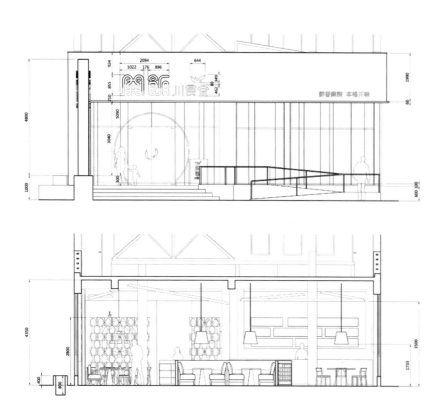

开饭川食堂追求鲜香麻辣、本格川味，旨在展示积极、热情、好客的品牌形象，营造相聚欢欣的用餐氛围。目标客户群是 25 ~ 35 岁白领人士。

受中式建筑启发，圆窗取景、圆框为屏，辅以竹影喻义，于穿透或映照之间以简带境。以东方鲜活色彩如钛白、花青、朱砂、赭石，搭配暖原木和灰色水泥墙面，赋予空间简约的现代氛围，有别于中式传统或禅意风格。

轻井泽拾七石头火锅永春东七店

中国台湾，台中

完成日期 | 2015 年 1 月

面积 | 1 楼：836 平方米 / 2 楼：641 平方米 / 3 楼：270.4 平方米

设计公司 | 周易设计工作室

设计师 | 周易

摄影师 | 和风摄影工作室 / 吕国企

中央入口以巨大黑铁牌楼象征里外，面镌笔力遒劲的"拾七"落款，恰与后方巍峨的建筑量体相呼应。建筑正面铸以静穆双斜顶，彰显传统日式民居惯以白泥、夯土、木柱紧密交融的剖面线条，檐下以 FRP 材质模拟神灵结界象征的巨大祝连绳，在灯光烘托下，交缠的麻纤肌理极其逼真，不光是阻断车水马龙，让瞬间情绪沉淀的存在感，也缓缓释放一种空灵和寂静俱在的神秘氛围。

建筑外观灵感源自日本神社，是古建筑静谧美学的再淬炼，借企口板与黑瓦堆栈，勾勒古朴粗糙的类锈铁质感，从此素材归于背景，超长的连续面承继静穆之韵。横向开展的等候区，两侧安排沁凉水景，池间各镶缀火炽枯木和隐喻浮岛的峥嵘景石，被烧空的木头形成精巧水道，水声淙淙沁人心脾，翠绿草皮烘托景石，营造低台度窗外望的袖珍画境。

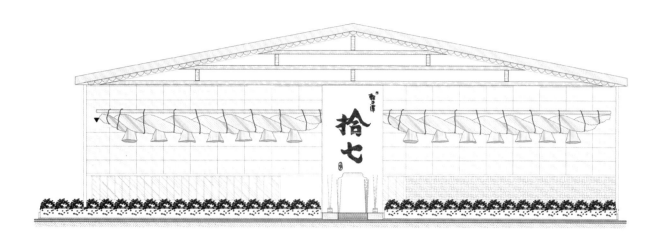

餐厅

餐厅

柚子元寿喜烧

中国台湾，桃园

完成日期 | 2016 年 11 月
面积 | 132.15 平方米
设计公司 | 怀生国际设计有限公司
设计师 | 翁嘉鸿
摄影师 | 朴叙空间创意有限公司

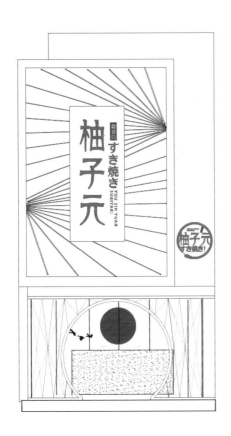
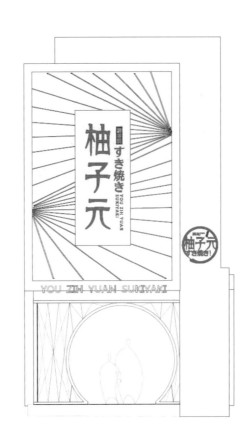

设计师在传统日式意象与现代科技的冲突美感中，用艺术手法上"直觉空间（intuitive space）"的层叠与透视张力，第一时间，令消费者目光停驻，诱发其探索的好奇心。

趣味横生的方圆

既有建筑物瓷砖施工缝形成细线正交方格网，再加上铁阔网延伸至骑楼菱形格天花，丰富基底层次后，便以不同比例的矩形划分建筑立面。矩形修饰面板适度挖空虚实与交叠，留设出口字形、L形框景，遮掩与开放建筑开口部，也带出实际的使用功能。长宽比不同的上部与下部空间，自然成了招牌位置与入口意象，以及内部空间端景吧台面、主墙和跳动的矩形浮动天花板。然而，圆形几何的面积比例明显小于矩形，可见其作为带出空间主题风格的画龙点睛之用——欢迎光临的双层圆形大门洞口、精心设计小圆形招牌，以及太阳与地平线风景的日本国旗，隐喻这是提供日式

餐点的餐厅,设计师的空间专业与巧思,令人赞叹。

线条组合的穿透视觉

透过精彩的线条组合与质感表现,促发空间的物理反应,引领观者们视觉路径的眼球移动。线条所营造出的单消点透视效果,重复布局。建筑立面上部,白色线条左右锁点成扇形群组,盘旋延展,在 2D 维度中拥有立体动态错视感;下部则是两侧黑色缆索,上下锁点成 3D 放射交错,静置成可视觉穿透的界。随着脚步的前进,清楚的透视概念更加明朗。深远静谧的室内空间,突然射出来自左右的光带,光带一路序列前进,方向感由入口处向前逼近前方,没入木质线条肌理,收进端景墙中。渐进视觉的空间消点透视感也展现在定制化家具上,整体氛围霸气、奇幻、前卫,强烈迷人。

明暗中的色彩与肌理

冷色系蓝框与渐层白面、灯光白线在立面与内部空间耀眼夺目,成为清爽带有科技感的店家形象。室内座位区基底则以展现现代日式风范的仿清水模美耐板,灰阶围塑天地壁并映衬黑色,黑色则是空间对象充分配合光下的剪影,表达空间的故事与活动内容,并在焦点处采取暖系的原木色肌理以及主题的太阳红色,灵活的亮暗与色彩运用,明确了场域性与空间性格。

传统与新生的冲突韵味

设计的目的是触动人心与激发想象,运用现代科技技术媒介与形式,重新诠释日式人文精神,冲突却彼此共生交融,形成创新的风格形式。业主不设限,支持设计能量的释放,追求空间艺术的新设计思潮,也展现设计师与业主对于各自专业的热情与合作的自信。

餐厅

鮨然

中国，北京

完成日期 | 2016 年 3 月
面积 | 60 平方米
设计公司 | odd
设计师 | 冈本庆三、出口勉、刘超、松本夏子
摄影师 | 锐景摄影／广松美佐江、宋显明

项目为一家怀石料理店，位于北京胡同历史保护区。建筑师在立面使用花岗岩，表面加工出随意的纹理，形成厚重而又自然的感觉，突出店面存在感的同时将室内与室外分隔开来，在喧嚣的环境中辟出了一片寂静的空间。厚重的花岗岩酝酿出质朴氛围的建筑外观，突出而不炫耀。

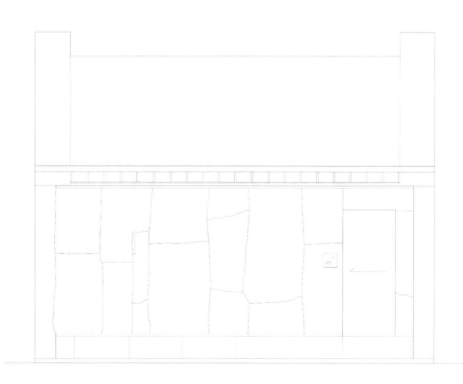

餐厅

完成日期 | 2017 年
设计公司 | 周易设计工作室
摄影 | 周易设计工作室

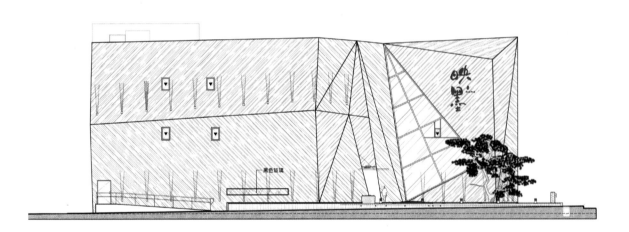

高达 15 米的"映墨"占地广袤，远望的形态宛如一方腰间缀着星光、巨大的折曲盒子，这独特的外形以稳定钢构支撑骨架，接着在不同角度，搭配耐候的三色塑化木与强化玻璃，个别琢磨出富于想象力与工艺精神的衔接面。

设计师巧取塑化木的跳跃色差，表现近似为量体着装的编织手法，则让冷硬建筑多了意想不到的柔软与温暖，大面强化玻璃则赋予室内三个楼层充分自然光。

餐厅

完成日期 | 2017 年
设计公司 | 周易设计工作室
设计师 | 周易
摄影 | 周易设计工作室

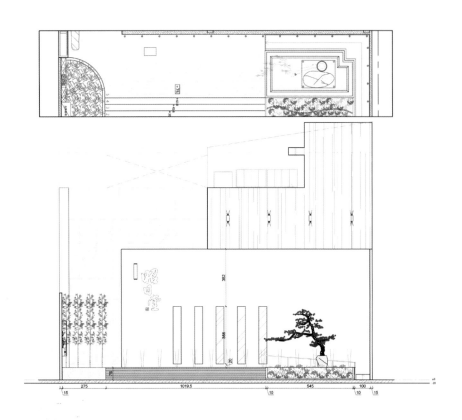

基地外观为方整且精致的建筑量体，秉承安藤大师惯见的简朴、利落精神，毫无喧哗的灰阶轮廓，实则隐含了现代工艺结构的细腻，五列并行的剪接长窗，刻意划开量体的神秘包裹，引诱来客的窥探欲望，在极讲究的情境灯光底，内部隐约晃动的人影与光影交织格外迷人。正立面着墨时，强调"景"的衔接与意象的有力描述，设计师让主建筑物退缩数米，确保足够的视觉深度，五踏背光的平缓梯阶，带出登高迎宾的氛围。拾级而上，自左侧娟秀的竹林、超过 7 米高的玻璃灯墙、居中三盏抽象隐喻的火盆装置、灰墙上醒目的锻造字店招，到高台上枝丫横陈的五叶老松，如同舞台上熟练走位的生旦净末丑，各有各的浓淡深浅，却又能在张力磅礴的构图里，携手共谱和谐。

餐厅

努尔餐厅

西班牙，科尔多瓦

完成日期 | 2016 年 4 月
设计公司 | gg 建筑公司
设计 | 何塞·拉蒙·特蒙耶斯、哈维尔·科迪纳
摄影 | 莫里茨·伯努利
项目建筑师 | 纳彻·莫尔
照明 | 瓦西利斯·帕帕斯
摄影 | 阿方索·卡尔察

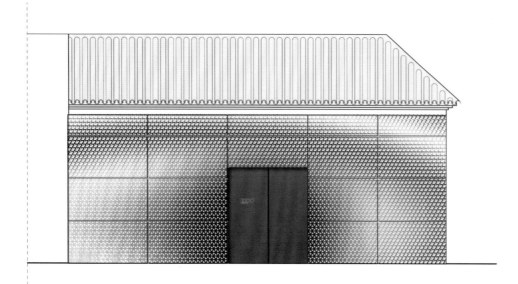

餐厅建筑遵循阿拉伯传统，用现代视角诠释。为此，负责餐厅设计的 gg 建筑公司提出了"仿古"的设计总则，采用四种最能体现伊斯兰建筑风格设计手法，即内外空间设计对比，空间序列组合，光影交叉以及几何图案的频繁使用。

内外空间设计对比，这种在各文明中有所使用的设计手法尤见于穆斯林文化——朴素的外饰对比装饰华美的内部空间——这体现在努尔餐厅的设计中。因此，餐厅外观素淡，正面为陶瓷覆面，刻有尖锐箭状图案，框界出餐厅入口，而这与室内空间柔软多彩图案则形成了对比。

正如所料（餐厅名中的 NOOR 一词在阿拉伯语中指"光线"），光影交叉这一设计手法在该项目中发挥了重要作用，一方面强化了内外空间的对比，另一方面突出了空间序列组合。

同时，图案和花纹，这两种阿拉伯艺术中的基础元素成为该项目的有效沟通载体，为空间增加了内涵，平添了效果，使空间充满活力。这些设计集中体现在餐厅的外观、地面、大厅的穹顶和室内墙壁的设计上。借助参数工具，图案和花纹在不同材料间被巧妙地处理，并随着环境而变化，强化了艺术效果。

Osteria by Angie 光复店

中国台湾，台北

完成日期 | 2014 年 3 月
面积 | 253 平方米
设计公司 | 诚砌设计有限公司
设计 | 陈文豪
摄影 | 马克・格里森

在意大利文中，Osteria 意为"家庭小酒馆"。这家餐厅供应正统的南意菜肴。就空间概念而言，餐厅的目标是将自己与其他高端餐厅区分开来，打造出温暖与分享为基调、不受拘束而又保有质感的用餐环境。

使用大量砖石，营造自然轻松的氛围。温暖饱满的色彩象征意大利南部的质朴与热情，与现代的时尚元素相平衡。

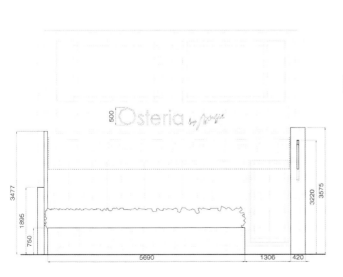

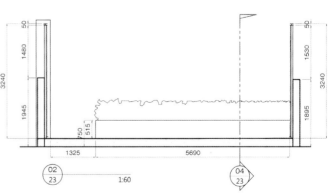

POKE POKE 餐厅

中国，上海

完成日期 | 2017 年
面积 | 32 平方米
设计公司 | 独荷建筑
设计 | Xin Dogterom & Jason Holland
平面设计 | 凯瑟琳·司徒
摄影 | M2 工作室

独荷建筑（STUDIO DOHO）为 POKE POKE 餐厅的上海店设计了一个以"都市冲浪"为主题的空间。这个 32 平方米的项目包括室内翻新和对现有建筑临街 1 楼的改造。

客户的要求简单明了：希望在这个狭小的空间内打造一个融入了夏威夷元素的现代餐馆。餐厅门口空间有限，加之现有的承重墙，这些使得餐厅的入口不临街，而餐厅的外立面则为大面积的石墙，略显单调。因此，设计师用瓷砖覆面，

打造出海天相融的景象，而渐变的马赛克立面也为街道增添一抹亮眼的元素，吸引着纷至沓来的顾客，成为当地居民社交聚会场所。户外吧台以色彩鲜艳的蓝色曲线凸显餐馆的外立面，让人联想到了冲浪板。

曲面吧台延伸至点餐区，连接着室内外空间，以便满足更多的顾客就餐。室内采用了简单的色彩，以营造如同咖啡馆一般的舒适氛围。

餐厅

有机餐馆 – 越南顺华香

越南，顺化

完成日期 | 2017 年
面积 | 350 平方米
设计公司 | 亚洲建筑 T3
设计 | 查尔斯·喀拉瓦丁、特雷扎·加拉瓦丁、
塞普利斯·瓦尼尔·特吕绍
摄影 | 西恩·明集团（TMG）

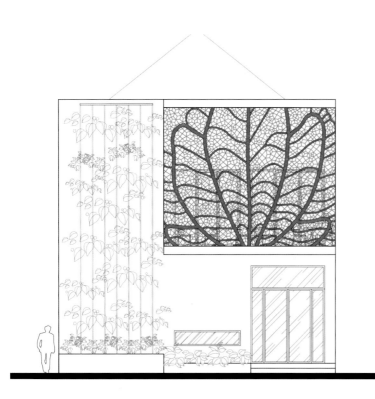

西恩·明集团选择 T3 为"顺华香"餐厅做全新的概念设计。这是一家方圆 30 千米内以当地新鲜、应季食材为原料，"从农场到餐桌"的休闲餐厅。T3 首先为餐厅确立色调：黑色搭配深灰色，天然绿、棕色搭配几抹橙色以及芥末黄；其次明确了材料以及定制家具和建筑元素，包括木制家具、考顿钢板、水泥瓷砖、木制天花板、定制照明等。

从"寒酸至极"的宴会厅入手，T3 将原建筑改造成一个现代感十足的绿色餐厅：令人惊叹的考顿钢立面，代表着传统越南菜的落叶造型，既保证美观又兼顾隔光效果的绿色围墙。T3 巧妙地运用叶子图案打造和设计出装饰墙和水泥瓷砖。

餐厅

完成日期 | 2015 年

设计公司 | Design & Creative Associates 设计事务所

设计 | 川口厚

摄影 | Hiroyuki Oki 摄影

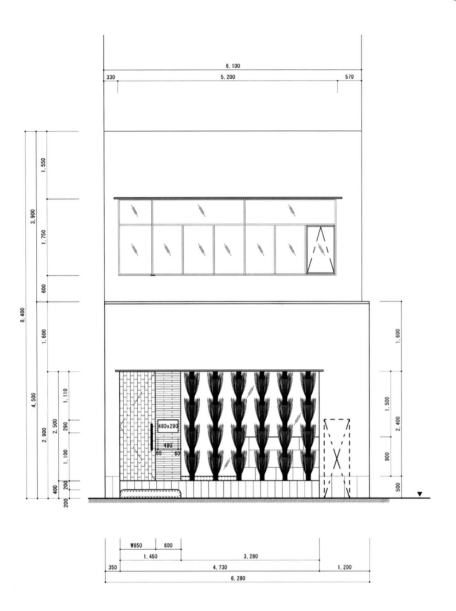

餐厅位于喧闹的城市中，这里熙熙攘攘，人流、车流川流不息。走进餐厅顿觉远离室外的喧嚣，眼前是安静舒适的环境，给人以宾至如归的感觉，犹如进入了别样的世界。这个设计是想让在这里就餐的客人在享用由主厨精心准备的荞麦料理时，感受到浓浓的"和食"文化。整个餐厅约5米宽，25米深，店面狭窄。

为了不落窠臼，成捆的木棍被扎成扫把状，作为店面立柱设计，令人难忘。外墙辅以粗糙的灰泥，这种外观意在表达简约与活力。

餐厅

门面设计中使用的黏土是本地材料，也是当地文化组成中的一部分，长期以来在全国各地为墨西哥工匠们使用。我们运用这一材料创造出与光影辉映的艺术神韵。黏土板的处理与工匠们惯用的方法相同，而颜色的变化是材料自然的效果。

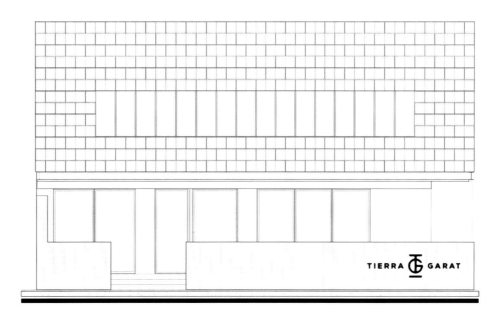

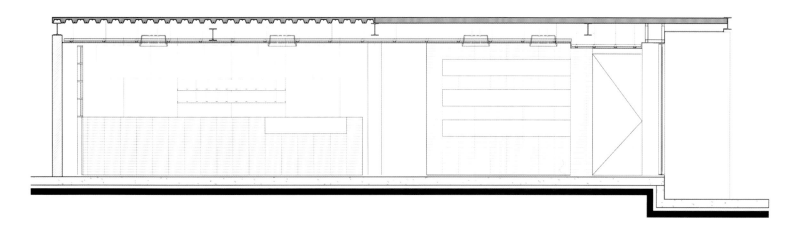

餐厅

城市餐厅——La Pesca

厄瓜多尔，巴巴奥约

完成日期 | 2017 年
建筑 | 个人与社会的再联结
设计公司 | 自然未来建筑公司
设计 | 何塞·费尔南多·戈麦斯
参与人员 | 阿斯特丽德·迈·查康、赫尔曼·拉罗兹、阿帕雷西达·阿奎略、加布里埃尔·贝森、利塞特·阿特亚加、福斯托·基罗斯
摄影 | 自然未来

将公众场所和私密空间相融，淡化两者的界线，让空间成为环境和共同体验的混合体并不总是轻松和愉快的。须牢记，建筑的本质是满足住户的生活需要：孩子们在此嬉戏成长，大人们在此迎来送往、社交互动。各种因素交汇于此促使我们"谈判对话"以避免矛盾，各取所需。就地取材，现场施工。例如，木材是长期以来在城市河道和渔业中使用的材料，也是各类施工中反复出现的材料，如今成为建筑设计中的元素和激活物。墙壁的缺失使空间融合，餐厅成为城市景观的组成部分。

设计目标是产生对应实地环境的干预，设计出一种更具参与性和开放性的建筑。在这里，城市不再厚重且更为人性化。

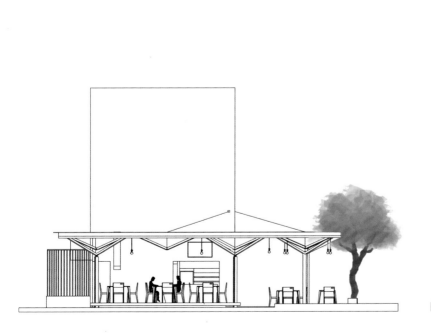

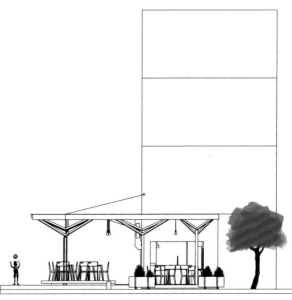

餐厅

完成日期 | 2016年2月
面积 | 140平方米
设计公司 | pharmacy interiors 设计事务所
设计 | Joe Lam，Brian Lai

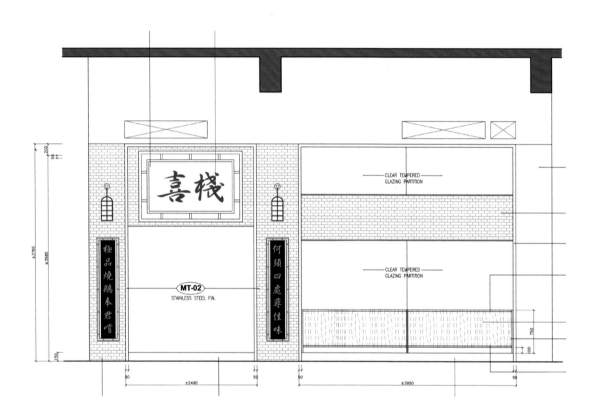

香港文化在诸多方面受广府文化的影响，包括艺术和美食。我们的脑海中浮现的是通过设计将广府文化与本地的清新风格相融合。因此，我们打破常规，新、旧风格并用地设计了这家既传统又时尚的粤菜餐厅。

店面设计受某种广府建筑风格启发，如店面外观覆盖上古老的灰色瓷砖，中式灯笼装饰以营造复古感，尤为醒目的是餐厅入口处的中式复古字体招牌。

餐厅

OpyCo 餐厅

巴西，圣保罗

完成日期 | 2015 年
面积 | 92 平方米
设计公司 | YBYPY 建筑设计事务所（YBYPY Architecture）
设计师 | 费尔南多·比兰尼（Fernando Brandão）、
蒂亚戈·帕索斯（Thiago Passos）
摄影师 | 佩德罗·瓦努奇（Pedro Vannucchi）

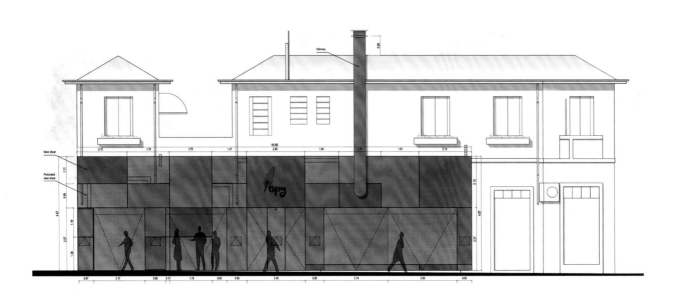

烟囱的设计让餐厅与庞培亚休闲中心（SESC Pompéia）的烟囱结构形成呼应，后者也是在这个街区，是圣保罗最重要的建筑物之一，其建筑特色是工业风的灰塔和红色的细部结构。

这家餐厅的店面在材质上也与庞培亚休闲中心形成一种对立的呼应。庞培亚的外立面采用了木材，而这家餐厅则使用了红色穿孔钢板，烟囱也采用红色钢材——红色是出现在庞培亚外观上唯一的装饰色。

这样，两者之间既形成呼应，同时餐厅也保有其特色。餐厅所在的建筑是原本就有的，而餐厅就像是某种寄生物，利用这栋古老的建筑，让原本无趣的建筑空间重焕生机。

餐厅

餐厅

乐葡利

中国，深圳

完成日期 | 2016 年 3 月
面积 | 约 100 平方米
设计公司 | 栋栖设计
设计团队 | 姜南、叶静贤
钢结构设计 | 袁鑫
摄影 | 刘瑞特

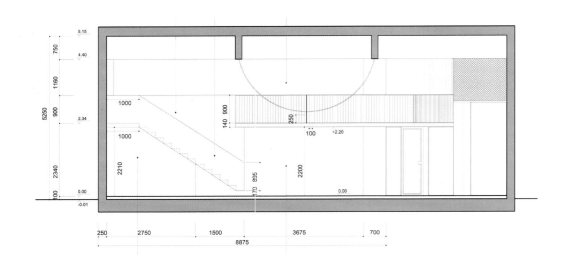

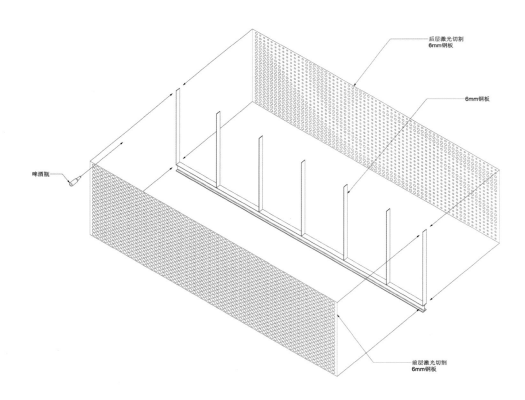

栋栖设计的乐葡利坐落在深圳，是一个面积约 100 平方米的法式餐厅及酒吧。外立面改造仔细研究过比例后，使用工字钢和精心挑选的两种不同透光率的金属网组合而成，工字钢同时构成室内夹层结构的一部分。

骨瓷酒吧

德国，法兰克福

完成日期 | 2017 年 2 月
面积 | 90 平方米
设计公司 | 阿贝贾设计工作室（Studio ABERJA）
设计师 | 罗宾·希瑟（Robin Heather）、茱莉安·迈尔（Juliane Maier）
摄影 | 史提夫·赫鲁德（Steve Herud）

这座古老的小屋一半由木材组成，作为历史遗存建筑受到保护。此次通过翻新，改造成酒吧，改造设计要符合当地对历史保护建筑物的相关规定。

骨瓷酒吧（BONECHINA）外立面尽量保留了原建筑的外观，包括网格状开窗和石板瓦屋顶。立面以蓝色和煤灰色为主，跟石板瓦的颜色相近，形成整体和谐、独特而优雅的外观，在周围各样色彩的建筑物中显得独树一帜。

阿贝贾设计工作室为折叠门设计了精致的锻铁格栅，其菱形图案呼应了酒吧里苹果酒杯上的装饰图案。苹果酒是当地很有名的一种红酒。

你可能不会在第一眼看到这家酒吧，因为店名标识做得非常低调、不显眼。透过黑漆漆的窗户，借着一道微弱的光亮，隐约能看到窗户背后的活动。

设计师为这个项目设计了一套标识和企业形象（CI），以类似贴标签的方式，通过不同的传播媒介和选定的室内外的特定地点展示出来。

酒吧与咖啡厅

Bubble Lab 精酿啤酒吧

中国，常州

完成日期 | 2017 年
面积 | 100 平方米
设计公司 | 栋栖设计
设计团队 | 姜南、马翌婷、王仁杰
摄影师 | 刘瑞特

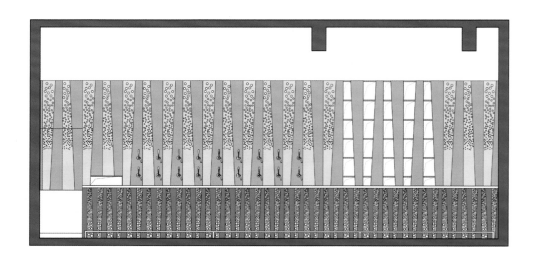

栋栖设计的 Bubble Lab 精酿啤酒吧坐落于江苏省常州市市中心闹中取静处，外立面及室内均以蓝色、金属银和灰色调营造出简明时尚、静谧疏朗的气质。

不锈钢异型折板是设计的主元素，其灵感来源于折纸艺术。门头、酒头墙和吧台的侧面均由不锈钢折板组成，层叠排列，相互映衬。

地面以两条镁铝合金条分隔成三种不同的水磨石面层，各自用不同颜色的水泥和骨料加以混合抛光而成。斜向的金属分隔条一直延伸到室外。入口处的折叠玻璃门在天气晴好的时候可以向两侧完全打开，最大限度地迎接来客。

卡纳纳酒吧

西班牙，卡塔赫纳

完成日期 | 2016 年

设计公司 | 马丁·莱哈拉加建筑设计（Martín Lejarraga Architecture Office）

摄影 | 大卫摄影工作室（David Frutos）

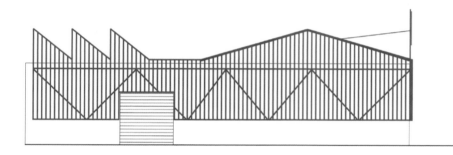

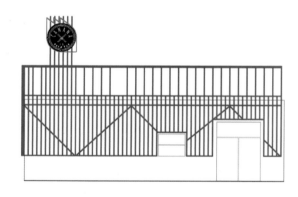

在卡纳纳酒吧（Canana L.A. Brew Pub）的装修中，业主的亲友都有参与帮忙：朋友们做了泥瓦匠，爸爸做电工，教父做木匠。外立面焕然一新，采用松木木板，做成垂直百叶的样式，让室内从外面可见，能看出来是一家小酒馆，也是一间小小的酿酒厂。一系列几何造型构成了酒吧的外观，既符合当地常见的房屋样式（比如屋顶的造型），又有工业区厂房的特点。

西班牙语"卡纳纳"（Canana）是西班牙西部地区用的佩戴枪弹的弹药带的意思，而这家小酒馆里把他们酿造的啤酒叫作"卡纳纳"。店名标识布置在木质屋顶上方，中间有十字交叉的弹药带图案，边缘使用粉色霓虹灯照明，非常醒目。

酒吧与咖啡厅

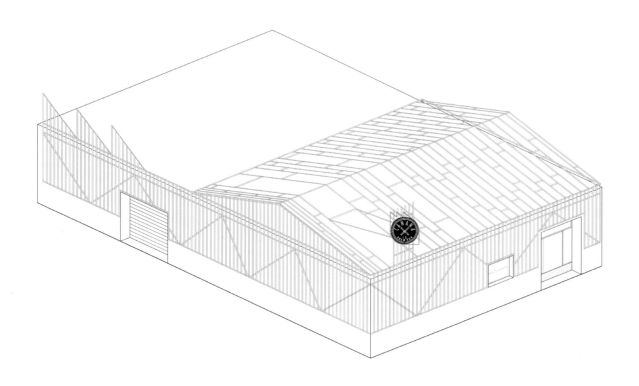

赞欧法式时尚小酒馆

韩国，首尔

完成日期 | 2016 年 12 月
面积 | 264 平方米
设计公司 | 崔中浩设计工作室（Joongho Choi Studio）
设计总监 | 崔中浩（Joongho Choi）
设计师 | 郑美阑（Miran Jeong）、金俊永（Junyoung Kim）
摄影 | NOD 工作室（Nod-lab）

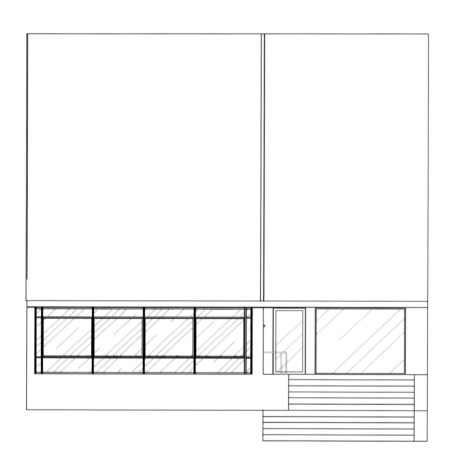

赞欧法式时尚小酒馆（CHANOU）位于韩国首尔，江南最受欢迎的购物区清潭洞，店主是两位大厨李赞欧（Chanou Lee）和马蒂厄·莫里斯（Mathieu Mores）。

设计师为酒吧增添了一丝现代都市时尚气息，既有法式经典风格，又能融入时尚店铺林立的街道环境。外立面用了大面积的开窗，跟附近其他餐厅形成对比。暖白的外墙，柔和的质感，现代感十足。店名标识和扶手都是灿烂的金色，相互呼应。餐厅部分的窗户可以打开，保证室内的自然通风。

西贡贝尔戈工业风酒吧

越南，胡志明市

完成日期 | 2016 年
面积 | 500 平方米
设计公司 | 亚洲 T3 建筑（T3 Architecture Asia）
主持建筑师 | 夏尔·加拉瓦尔丹（Charles Gallavardin）
平面设计 | WDTS 工作室（WeDoThatStuff）
照明设计 | ELEK 工作室
摄影 | 布莱斯·戈达尔（Brice Godard）

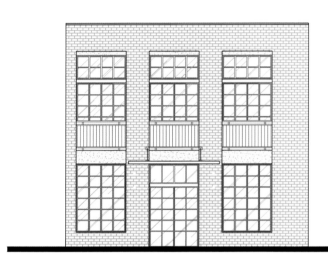

亚洲 T3 建筑（T3 Architecture Asia）设计了胡志明市一家名为贝尔戈（Belgo）的概念酒吧，主打比利时配方的"家酿"啤酒。设计理念是打造一种 20 世纪初的北欧工业风，营造一个独特的环境，在这里你可以品尝比利时的啤酒和美食。T3 在整个项目中使用二手砖，以获得一种设计上的"历史感"，通过回收采购的旧材料，实现了项目的绿色环保。为了避免结构上超载，设计师将砖石结构一分为二，一部分用作室内的墙面。原来的室内空间是混凝土结构，T3 将其改造成现代的工业风格，同时具备趣味性，突出比利时文化。由于项目位于南方，T3 将欧洲设计进行了适当改变，以适应当地热带气候，为顾客创造舒适的环境，并尽可能节省能源，方法是在某些地方采用自然通风（或仅用吊扇）。为了减少碳排放并获得一种"老旧"效果，所用的砖都是本地的二手砖。设计保留了庭院里的大树，给酒吧带来清新和阴凉。室外两面墙都被绿色植物覆盖。

完成日期 | 2017 年
面积 | 185 平方米
设计师 | 玛利亚·何塞·蓬杜拉（María José Péndola）、加斯顿·蓬杜拉（Gastón Péndola）

与富丽堂皇的室内相对比，立面显得简约而朴素。设计师在室外使用的材料和施工技术比室内少。这样，顾客就不会期待这样的室内风格，进门后会感到很惊讶。

外立面使用的是一种类似于砖的材料，漆成白色。原有的墙壁漆成黑色。窗户上使用透明玻璃。

设计理念是要创造一个大型的黑色元素，凸显整个建筑的存在感。两扇大窗户是次要元素，一扇在一层，另一扇在顶层。窗户让建筑与其所在的环境相互连通。在外面，你能透过窗户看到室内，但不会看到全部。在室内也是一样。

外立面上的另一个元素是带照明的店招，清楚地标示出店名，夜晚照明灯亮起时非常显眼。

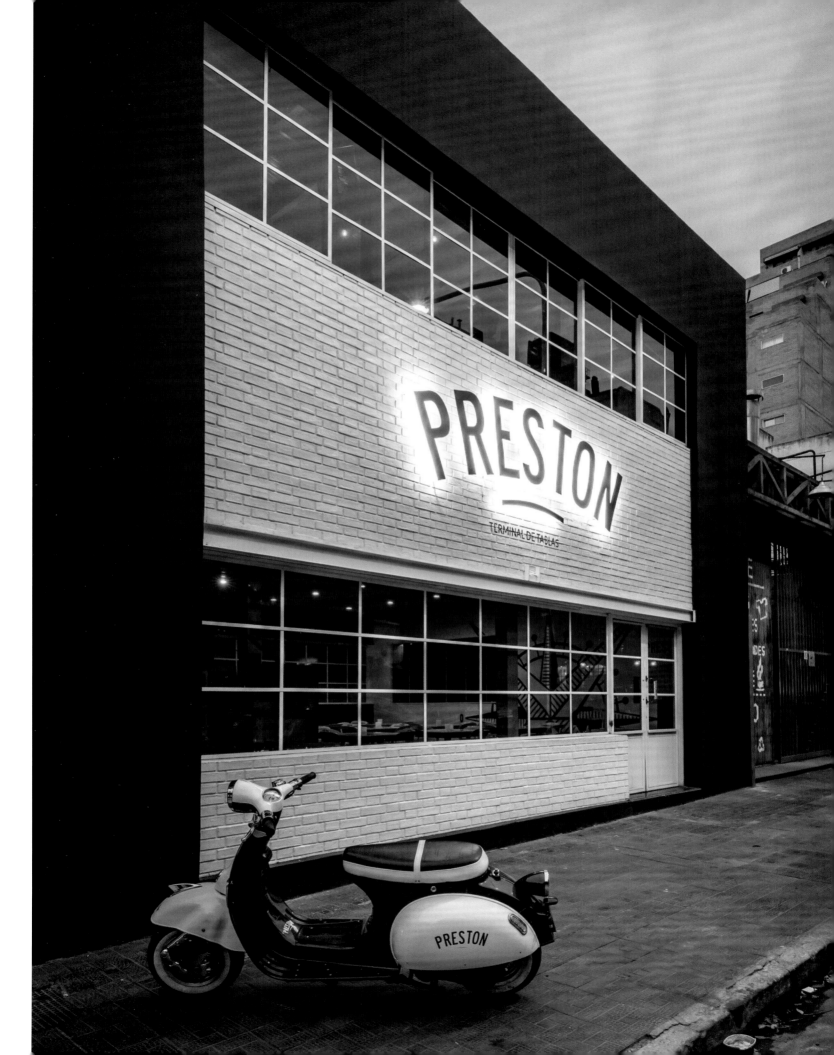

品川苏打水威士忌酒吧

日本，东京

完成日期 | 2016 年 8 月

设计公司 | CROW 设计工作室（Design Studio Crow）

设计师 | 藤元泰司（Taiji Fujimoto）、末木菜菜子（Nanako Sueki）

摄影 | 长谷川健太（Kenta Hasegawa）

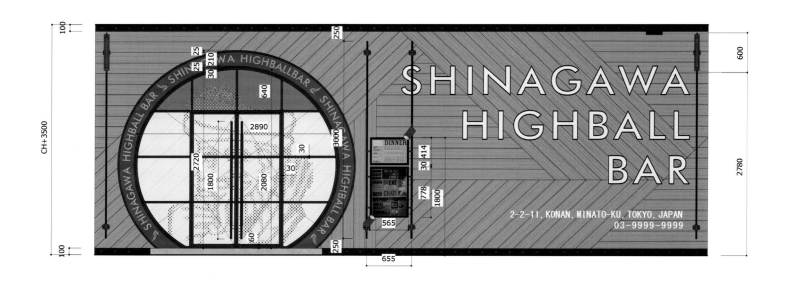

这是一家苏打水威士忌酒吧。设计师在走访了东京附近的多家苏打水威士忌酒吧后，做了参照和比较。外立面非常吸引眼球，入口设计成圆形门洞，整体店面仿照威士忌木桶。通过这个开敞的入口，室内的火热氛围似乎能溢出到大街上。

酒吧与咖啡厅

佛山新天地乐匙餐厅 & 鸡尾酒吧

中国，佛山

完成日期｜ 2017 年

设计公司｜澳洲 Y 设计工作室（Studio Y）

摄影｜常春藤摄影（Ivy Photography + Production）

店主找到澳洲 Y 设计工作室，提出了一个很谦虚的设计要求：创建世界上第二好的餐厅。客户希望把墨尔本设计和餐饮界最好的元素引入中国佛山的新天地文化区。于是，设计师尽情发挥了他们狂野的想象力，创造了这家非常时尚的三层餐厅＋鸡尾酒吧＋啤酒花园。设计亮点是室内外的反差。外立面由金属、玻璃和原有的砖材组成，店招黄铜材质，背光照明。店面传统，又有着丰富的设计元素。但随着你走进餐厅，上楼，室内的风格开始改变。

酒吧与咖啡厅

完成日期 | 2016 年
面积 | 397.32 平方米
设计公司 | 图式建筑事务所（Schemata Architects）
设计师 | 长坂絜（Jo Nagasaka）、山本良介（Ryosuke Yamamoto）
摄影 | 太田卓美（Takumi Ota）

蓝瓶咖啡（Blue Bottle Coffee）在东京中目黑开设了他们的第五家咖啡店。这是一个改造项目，这幢三层的钢结构建筑之前是一家电厂，通过改造，要使之能适用于咖啡店兼办公空间的功能，用于咖啡制作的培训和工作坊。设计师为这家咖啡馆提出的设计理念是创造人与人之间的"公平关系"，作为室内空间设计的出发点。

这个街区离车站很远，街道上排布了许多特色小店。为了将这种小尺度的感觉延续至室内空间，设计将楼层划分成一系列阶梯抬递式空间，统一了之前用作装卸货物及储藏的开放式空间。玻璃立面上的水平开窗界定了室内空间和周边环境之间的界限，创造了"看与被看"的视觉关系，当人们停留在这个空间里的时候，能够意识到别人的存在。

酒吧与咖啡厅

PhoDa 咖啡厅

越南，拉吉

完成日期 | 2017 年
面积 | 240 平方米
设计公司 | 豪斯空间（hausspace）
设计师 | 黎豪（Le Hau）
摄影 | 黄勇（Dung Huynh）

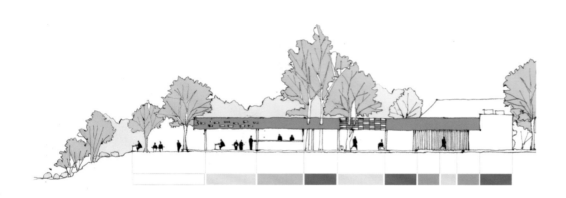

拉吉（La Gi）是越南中部的一个沿海小镇，有着丰富的热带自然景观：山林、河流、海滩。本案是一个咖啡厅翻新项目的初始阶段。

店主预算有限，因此翻新施工期漫长，分多个阶段进行，中间有空档，但是要保证照常营业。这就需要翻新以一种缓慢、渐进的方式进行，不影响咖啡厅营业。因此，设计师让初始阶段的翻新工程与周围的自然环境相结合，主要针对原有的砖石、混凝土结构进行。新的空间应该让顾客感到既现代时尚，又亲切舒适。

在这样的指导方针下，设计师为咖啡厅创造了一个实用的、开放式的空间，同时注重融入大自然。屋顶选用轻薄的钢结构，降低了造价。主要支撑结构复制了咖啡厅内原有的木制框架结构，在新旧之间、开放与封闭之间营造了一种和谐的节奏。受附近大坝和河床岩石的颜色和形状的启发，设计师为屋顶、地板和墙壁选择了中性色，并在空间中点缀木质元素。这种色彩和材质的结合为顾客营造了一种熟悉的舒适感，同时拉近了人与自然的关系。

酒吧与咖啡厅

酒吧与咖啡厅

国家咖啡馆

希腊，卡斯托利亚

完成日期 | 2015 年 1 月

设计公司 | LAB4 建筑事务所（Lab4 architects）

设计师 | 哈里斯·索利奥蒂斯（Harris Souliotis）、季米特里斯·索利奥蒂斯（Dimitris Souliotis）

摄影 | 哈里斯·索利奥蒂斯

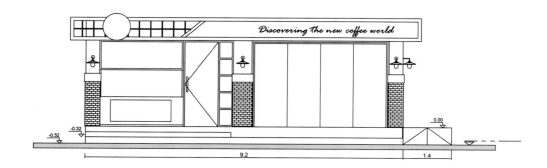

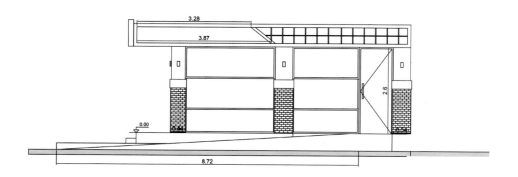

国家咖啡馆（State Coffee）的设计理念是想要打造一个感觉很温暖的空间，要将项目的品牌特色——纽约风格的材质（即砖墙）——与工业风格元素相结合（纸壳箱瓦楞板、混凝土材质等）。店面外观使用颜色较浅的材质（混凝土抹灰、可丽耐等），室外地面使用混凝土抹灰。

酒吧与咖啡厅

曲奇故事咖啡厅

巴西，库里蒂巴

完成日期 | 2017 年 3 月
面积 | 110 平方米
设计公司 | SOLO 建筑事务所（Solo Arquitetos）
摄影 | 爱德华多·麦卡里奥斯（Eduardo Macarios）

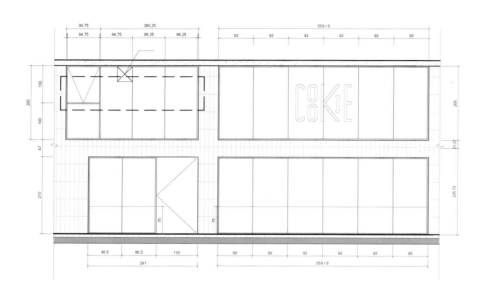

曲奇故事咖啡厅（Cookie Stories Café）的外立面设计旨在充分利用建筑物原有的玻璃开窗来展示室内空间，以便吸引路人进店。室内空间以及在室内就餐的顾客，都是吸引新顾客的元素。

外立面和室内布局最大的改造，是更改了原有的入口。入口原来在右边，是一个双层举架高度的空间，现在改到了左边，单层高度，空间更小。这样，咖啡厅就形成了简单、清晰的服务和社交空间的层次。开放式厨房布置在左边，在入口处带给顾客美妙的视觉和嗅觉体验，点餐处就在这里。单层举架高度进一步强化了这种亲切、轻松的体验。

点餐后，顾客进入双层举架高度的空间，会感觉特别开敞。这个空间完全沐浴在透过玻璃立面照射进来的自然光下，为顾客与咖啡和曲奇的浪漫邂逅创造了极好的环境。这里的立面展示的不是产品，而是整个环境，包括建筑、产品以及最重要的组成部分——店内顾客。

不过，上层的立面左边用了乳白色玻璃，这个位置是厨房，保护厨师的隐私，也能吸引好奇心。厨房里还设计了一个黑色的钢结构，用来支撑和隐藏一些设备。正立面的右侧使用了透明玻璃，保证店内主要空间的自然光照；立面上唯一增加的是咖啡馆的店名标识，采用大型霓虹灯，这是客户的要求，能在晚上明确地标明咖啡馆的存在。

酒吧与咖啡厅

D'ORO 汽车餐厅

泰国，曼谷

完成日期 | 2017 年

面积 | 150 平方米

设计公司 | FOS 室内设计（Foundry of Space）

主持建筑师 | 马卡拉克·苏塔达拉（Makakrai Jay Suthadarat）

设计师 | 普拉帕汉·蓬克利（Prapaphan Phongklee）、拉塔·吉姆加拉斯朗（Rattha Jiamjarasrangsi）

平面设计 | 丁索尔工作室（Dinsor）

摄影 | 比尔·辛诺伊（Beer Singnoi）

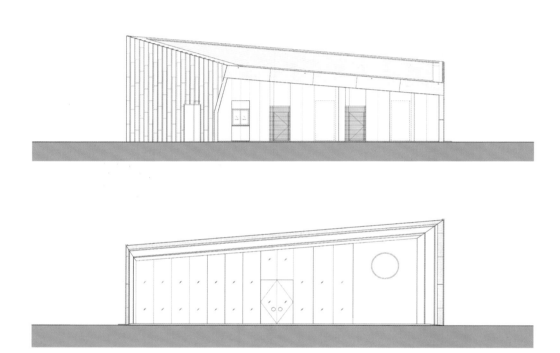

为了在室内空间和周围环境之间建立一种对话关系，整个外立面使用落地玻璃窗，有意地消除内部和外部之间的界线。同时，室内外空气可以更好地流通。

镜面天花从外到内贯穿整个建筑，映照出周围环境，包括人和室内空间。室内直面大门的整面墙是一整块镜面，进一步强化了这种映射感。

镜面的使用让室内呈现出一种空间四重奏的效果，镜面中的空间包围着真实的空间。从远处看，就像搭在风景中的舞台，而不是传统的那种封闭式的咖啡馆。

通过使用三种颜色的瓷砖，地面形成不同颜色梯度的图案，浅色的瓷砖布置在外围，深色的在最里面，紧挨着镜面墙。再加上镜面天花，地面的图案映射在天花板上，在空间中产生一种平行对称效果。顾客仰望镜面天花，可以看到自己坐在一个巨大的"卡布奇诺杯"中间——那是地面瓷砖组成的图案。

酒吧与咖啡厅

盒里盒外：Atelier Peter Fong 咖啡馆

中国，广州

完成日期 | 2016 年 9 月
面积 | 250 平方米
设计公司 | Lukstudio 芝作室
设计团队 | 陆颖芝、阿尔巴·贝洛伊兹·布拉兹凯、区智维、蔡金红、黄珊芸
平面设计 | 伊夫林·邱
摄影师 | 德克·维布伦

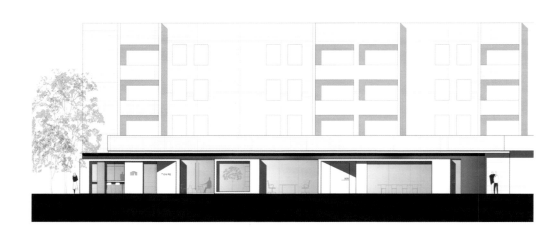

在广州天河区的一个老住宅楼下，芝作室将空置的城市边角改头换面成为 Atelier Peter Fong 咖啡馆：一个工作室与咖啡馆。一系列的白色体块将原本凌乱的场地净化，创造出引人驻足的宁静空间。

在建筑外部，飘浮的轻盈铝板将白色体块归于其下，又像一条线画出新旧的交界。三个并列的白色盒子由内穿出，构成统一的外立面。而盒子间留出的"之间地带"如同城市街巷的延续，吸引着过路行人。每一个白色盒子都包含着不同的功能：咖啡厅、"头脑风暴"区、会议室和休闲区。盒子"之间"以暖灰色调处理，顶部呈现原有结构，与纯白的盒子形成对比。

根据对功能需求和周边环境的细致推敲，芝作室在体块里外"雕刻"出不同的开口与凹凸。大的开口将咖啡厅里外贯通，并将窗外绿景框出。在室内，局部挖空的天花板与木饰面壁龛营造出亲近舒适的气氛。同样的手法也应用于办公空间入口，三角形门厅的底部留空而成一个静谧的禅意山水，它不但是内部办公的景观焦点，也在视觉上将室内外空间连接。材质的运用进一步定义空间。平滑的白色墙壁与水磨石地板占据了主要的公共空间，如同画布捕获着光与影；半透明墙面在公共咖啡馆与工作场所间造成微妙联系；更私密的区域多选用自然原材，例如"头脑风暴"区的连续木材表面以及休息区中的砖石墙面。

通过咖啡文化与联合办公相结合的模式，Atelier Peter Fong 咖啡馆将一个现代概念的社交模式融入寻常邻里中。一个被遗忘的城市边角通过设计成为社交热点，这脱胎换骨的转变诠释了建筑的介入可以如何为城市注入新活力，激活社区再发展。

酒吧与咖啡厅

酒吧与咖啡厅

铭氏湖畔皇家咖啡

中国，上海

完成日期 | 2016 年
面积 | 550 平方米
设计公司 | 纬度建筑
设计团队 | 曼努埃尔 N·佐尔诺萨（主持建筑师）、安德烈·拉莫斯·罗德里格兹、范田原、乔治·科特斯·德·卡斯特罗
摄影 | 鲍里斯·博希姆

该项目意在对铭氏湖畔皇家咖啡进行重新装修，它是一座位于上海外郊的建筑。充分利用其特殊地理位置——面向湖泊四周自然环抱，业主希望通过运用设计新理念，让其重新焕发活力。2015 年 6 月，纬度建筑接受委托，开始思索装修方案，重新定位。纬度承接了从室内整修到室外区域的重新设计工作，例如露台、外立面以及周围景观。

关于外立面，地板上一些板条及外立面自身均已年久失修。所以，设计师提出用本色松木来替换损坏的部件。之后，这一决策也运用到地面处理。外立面下端原来采用装饰石材装饰。设计拆除了这些装饰石材，经过抗碳化处理修复后，混凝土墙完全暴露出来。今后，这种处理流程亦可防止混凝土墙面被海水腐蚀。另外，设计更换了现有室外设施——扶手和多个天篷，取而代之轻纺结构设计，使湖滨区更受欢迎和惬意。在弱化石头和钢筋等材料带来的硬朗外观的同时，赋予建筑一种温文尔雅的感觉。除此之外，现有露台也向湖边推移了几步，营造出闲适的室外休息廊区，人们可在特制的天篷之下享受阴凉和亲近自然。

酒吧与咖啡厅

完成日期 | 2017 年 2 月
面积 | 30 平方米
设计公司 | P/S/D 设计工作室（party/space/design）
摄影 | F Sections 摄影

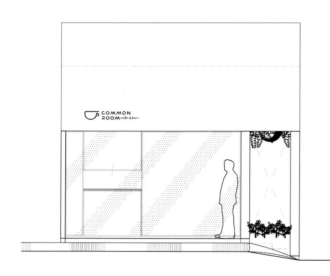

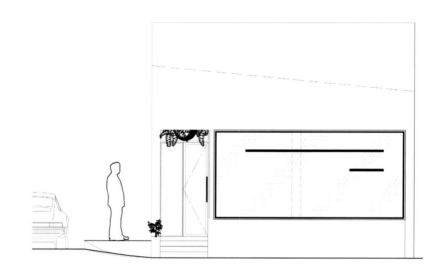

公共小屋（Common Room）位于曼谷阿黎区（Ari），一个文艺青年聚集地。这是一家咖啡馆，也供应全天候简餐。

设计主打简约风格。阿黎区的繁华和多样性反倒让设计师想要尝试一些不一样的东西。因此，这家小咖啡馆的设计回归了设计最本质的元素。一切都是最简单的样子，没有任何花样。简单的造型，简单的概念，内涵却并不简单。LOGO标识设计和包装设计将直线和曲线相结合，延续简约的风格。

咖啡馆的整体氛围显得亲切舒适，让顾客不会感到紧张。营业时间也是设计中需要考虑的因素，涉及空间的功能和透明性。设计过程中，设计师研究了小店的风水问题，以及如何最大限度地利用小空间。设计师并没有仅仅遵循风水原则行事，而是尝试将风水理念与艺术相结合。不过，设计的每个细节中仍然包含了风水理念，同时遵循简约的风格。

轻松、质朴的空间为这家小店树立了独特的形象。公共小屋与其他咖啡厅的不同之处就在于对简约形象的诠释：不论是室内空间还是店内细节和品牌形象，风格简约但功能齐全。

酒吧与咖啡厅

CRACK 咖啡厅

泰国，曼谷

完成日期 | 2016 年 11 月

设计公司 | P/S/D 设计工作室（party/space/design）

摄影 | F Sections 摄影

这家咖啡厅的名字"CRACK"来源于顾客吃店内的招牌甜点华夫饼干时发出的"咔嚓咔嚓"声。"CRACK"是个拟声词，模拟的就是用刀叉切割松脆的华夫饼干的声音。

设计灵感亦由此而来。设计师从华夫饼干的咔嚓声联想到打破鸡蛋的咔嚓声，即：一只小鸡努力啄破蛋壳，渴望看到外面的世界。或者是厨师烹饪时打蛋的声音。于是，设计师将"CRACK"解释为打破蛋壳声，并由此展开设计。

从外观上看，整个咖啡厅就是一枚鸡蛋，外立面上一只小鸡正要破壳而出。所以，外立面的表面设计得像鸡蛋壳一样光滑，有着原始的质感，还有一条"裂缝"，即开窗，透过"裂缝"，行人能看到店内的情景。外立面的材料使用混凝土，模拟了一枚即将破壳的鸡蛋。

入口大门也是"蛋壳"上的一个开口。透过大门能看到室内空间。这样看到"蛋壳"的内部会让人感到很舒服。

酒吧与咖啡厅

机张郡海边咖啡厅

韩国，机张郡

完成日期 | 2016 年 12 月
面积 | 497.33 平方米
设计公司 | IDMM 建筑事务所（IDMM Architects）
主持建筑师 | 郭基洙（Heesoo Kwak）
摄影 | 金在永（Kim Jaeyoun）

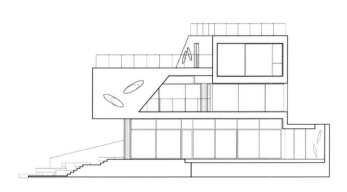

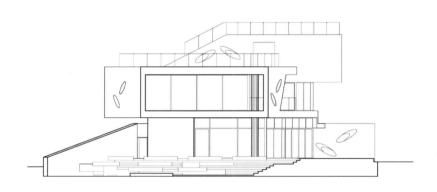

机张郡（Gijang-gun）是靠近釜山的港口城市，以优美的海岸景观闻名，清澈的海水拍打在奇形怪状的岩石上与岸边高大的松树林形成了独一无二的风光。

机张郡海边咖啡厅作为海边唯一的咖啡厅，坐落在山丘上，从这里可以俯瞰海岸全景。业主希望在咖啡厅中的任何位置都能欣赏下方的沙滩和海岸。随着观察位置的改变，大海会呈现出多样的景观。因此，设计的重点就是如何处理建筑和自然景观之间的关系。

为了在建筑内获得最佳的景观视野，设计师将面向大海和沙滩的开窗长度最大化。根据给定的容积率将中央部分空置，座椅沿建筑边缘布置，获得更多可以观赏风景的位置。建筑中，高度不同的长条形连续空间相互叠加，之间通过连桥连接；座席设置在围绕中央空洞盘旋而上的宽阔长廊上，让顾客可以尽享户外自然界的丰富景观。

室外空间由许多"平床"组成。"平床"是一种韩国传统的室外家具，通常用于社区中的茶话会等小组活动。设计师没有选择宽阔的露台，取而代之的是一系列布置在松树下的平床，为顾客提供了可以享受咖啡的半私人空间，同时欣赏周边的美景。倾斜的穿孔混凝土墙高度超过周边的松树，使人享受"偷窥"的乐趣。在屋顶层上可以看到天空与海面交融成一条线。

酒吧与咖啡厅

虹桥万科 PARAS 咖啡厅

中国，上海

完成日期 | 2017 年 8 月
面积 | 130 平方米
设计公司 | 泳池工作室（The Swimming Pool Studio）
设计师 | 李麟杰
照明设计 | 泳池工作室
摄影 | 彼得·迪克西（Peter Dixie）

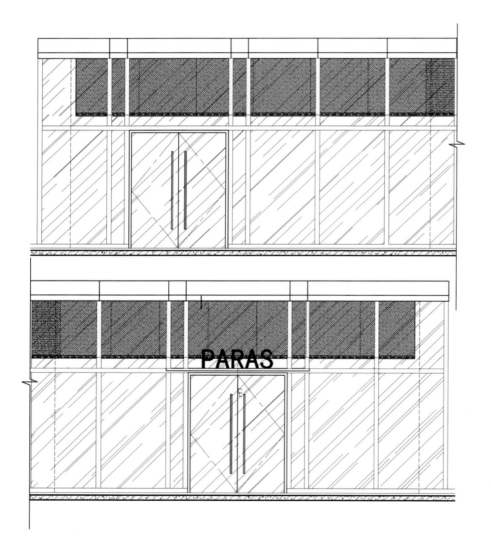

PARAS 咖啡厅坐落于上海虹桥万科中心，是一个面积约 130 平方米而独具魅力的精致咖啡店，为附近的上班族和居民提供了一个休闲放松的空间。

该项目的设计灵感来源于地中海迷人的景色，纯净的碧海沙滩令人感到心旷神怡，瞬间放松身心。设计师将这种纯净的气息与现代设计手法相结合，通过一系列的变化与拼接，使这两种特征完美融合，达到平衡。

酒吧与咖啡厅

雪花秀旗舰店

韩国，首尔

完成日期 | 2016 年

项目面积 | 1949 平方米

设计公司 | 如恩设计研究室

摄影 | 佩德罗·佩赫那伍特

如恩设计以灯笼为设计灵感，改造了首尔江南区一座五层高的大楼，为风靡亚洲的护肤品牌雪花秀打造全球首家旗舰店。灯笼的字面及象征意义在整个亚洲历史中非常重要——灯笼引领着人们穿越黑暗，展现出一段旅程的起始与结束。

设计概念归纳为三点，贯穿项目始终——个性、旅程与记忆。如恩希望能够创造一个极具吸引力的空间来满足顾客的所有感官，将空间的体验打造成一个层次丰富、值得无限回味的旅程。最终呈现出的效果完美表达出了灯笼的概念：贯穿室内外的黄铜立体网格结构将店铺的各个空间串联在一起，引导着顾客逐个探索店铺的每一个角落。

美妆店

爆炸：妄想的幻觉

英国，伦敦

完成日期 | 2015 年 9 月
面积 | 11 平方米
设计公司 | Space Group 建筑设计
设计师 | 马丁·格鲁南格
摄影 | 利亚姆·克拉克

早在 1870 年，威廉·彭哈利根受土耳其浴香氛的启发，研发了 Penhaligon 品牌的首款瓶装香水 Hammam Bouquet。145 年后的今天，Space Group 建筑设计却努力做着相反的事情，而这一次 Penhaligon 品牌香水得到了新的诠释。

Space Group 建筑设计对两种产品进行了分析并设计了两种空间，从建筑角度诠释了气味。受英国临海地理位置的影响，气味中夹带着原始、自然的气息。

Space Group 设计出两种浸入式、多感官的空间，营造出了不同环境下各具气味特征的幻境，包括雨、雾、苔藓、树皮、光、声音，当然还包括现实的芬芳。

空间设计实为挑战：鲜活的苔藓与人工编程的水、雾并存，需要不断检测和精心的调试，做到实物临摹，栩栩如生。

设计旨在实现内、外双向体验，模糊店面内部和摄政街的有形界限。为实现这一目标，Space Group 建筑设计与音乐家芬奈斯（Fennesz）、米娅·扎贝尔卡（Mia Zabelka）、奥利弗·斯达默（Oliver Stummer）以及自然艺术家奥雷利亚·麦凯维（Aurelia McKelvey）进行了合作。

美妆店

完成日期 | 2015 年 8 月
面积 | 69.68 平方米
设计公司 | a+t associates 联合设计公司
设计师 | 阿奇思·帕特尔、坦维·拉贾普罗赫特
摄影 | TEJAS SHAH 摄影

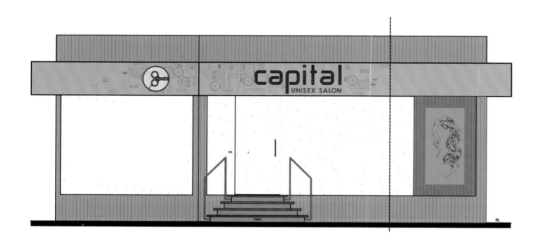

我们倾向于打造古今结合的设计风格。设计理念来自非洲梳子的悠久历史、版式、大胆的设计元素和现代色彩，它们呈现出古今交融的时代风貌。

店面入口处的黄、灰双色交织的路面营造出专属氛围。店内明亮、活泼的赭黄色引导标识是由一种葡萄牙生产的 19 毫米厚的高密度纤维彩色板制作而成。我们还加上了 2 毫米厚的系列图案，包括理发工具和非洲梳子。

楼梯砖为自定义设计，四周是 MS 防滑条和角状花岗岩。这些石头用作悬浮台阶，突出温暖的外观。该形式打造出了符合宽度要求的宽敞的迎宾入口。沙龙的整体外观是有序摆放的垂直纤维板。

美妆店

伊蒂之屋

韩国，明洞

完成日期 | 2017 年

设计公司 | Dalziel & Pow 设计顾问有限公司

摄影 | Dalziel & Pow 设计顾问有限公司

2017 年 5 月开业的伊蒂之屋明洞旗舰店是一间美妆互动体验店。在这个"色彩之家"琳琅的化妆品间，顾客们的创意得以激发。带着成熟和自信，同时保持着品牌固有的童趣，该旗舰店表达着伊蒂之屋的"甜蜜梦想"理念。

旗舰店分 3 个楼层为顾客提供品牌体验。除了清新的店面外观，井然有序、时尚现代的室内设计会瞬间吸引顾客进入。Dalziel & Pow 设计顾问有限公司以"分层体验"的零售方式，为目标客户提供反映品牌核心的基本体验；设计出能够提升伊蒂之屋品牌体验，使其强于竞争对手的特征体验。

这家美妆店充满了色彩、魅力和乐趣，传统与现代细节在此交汇。虽然保留了标志性的粉色，但 Dalziel & Pow 还是引入了另一种色彩搭配来平衡品牌标志色。店面一侧有一扇醒目的粉色门，如今是颇受明洞游客欢迎的拍照景点。款台被简化，店内引导标识为透明色，唯有心形和环状图案上的店名清晰可见。

完成日期 | 2016 年 4 月

面积 | 82 平方米

设计公司 | VOIGER 设计公司

设计 | 吉本肇

摄影 | 山田西陵

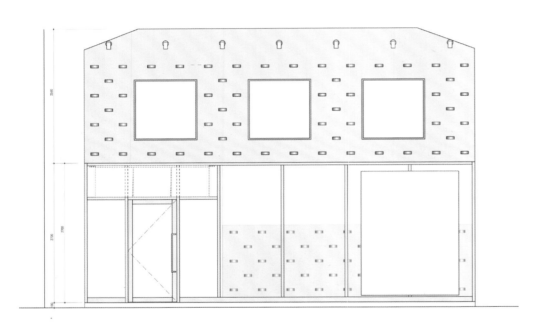

这家休闲沙龙位于高架铁路下方，而这里也是大阪居民乘坐通勤上下班的必经地。

应客户要求，设计采用日式简装。7米×5米的巨大外墙使这家沙龙外观醒目，极具气势。因此，通过挤压墙壁，推动拱形屋面砖。使得夜晚时的屋顶色彩柔和、独特，给人以亲切感。

美妆店

完成日期｜2013 年 7 月
面积｜371.61 平方米
设计公司｜M1/DTW
设计｜克里斯蒂安·万维扎特
摄影｜杰弗里·基尔默

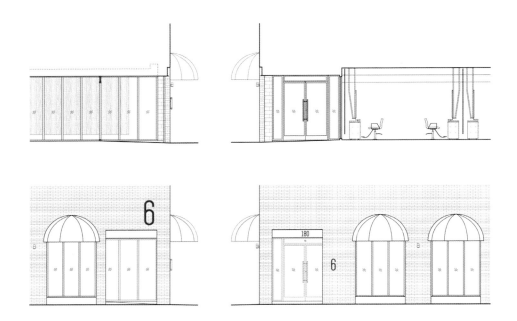

6 沙龙（老伍德沃德）美发沙龙共有 21 个理发位，沙龙注重发型设计师和客户间的沟通互动。店面装潢选用感光材料。

沙龙的新址位于一幢 20 世纪 60 年代多功能建筑的一楼，而原有沙龙（18 个理发位）也具有类似的空间结构。

沿人行道敞开的一排窗户使得沙龙内外空间一目了然。窗口内部加厚，以突出墙壁规模并且和单薄的店面隔板形成对比。在视觉上减少了斜视角度，强化了内外部的接触。

美妆店

PRIM4 美发沙龙

中国台湾，台北

完成日期 | 2016 年 6 月
面积 | 99.17 平方米
设计团队 | YOMA 设计
摄影 | 李国民

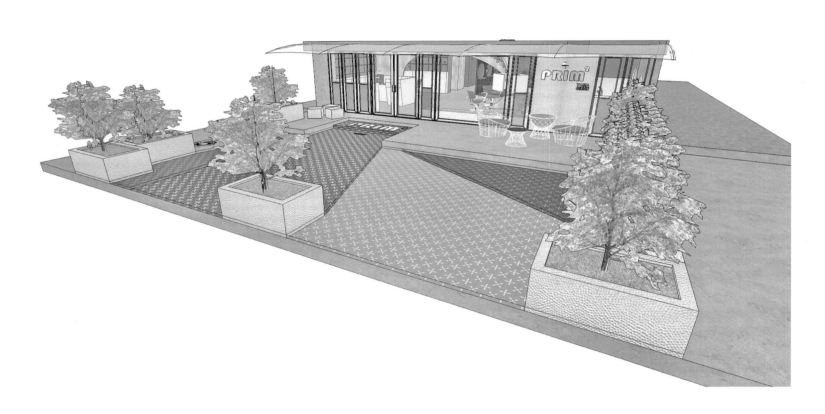

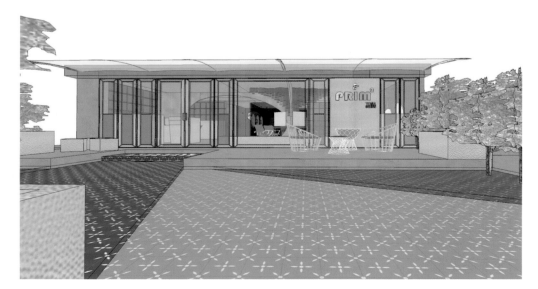

通透的镜面将光线由室内引到室外。夜晚，十字形灯树照亮地面（花形砖铺筑），光线通过大玻璃向四周发散。

金属板覆盖而成的室外阴影区里的原生盆栽生机勃勃，充满活力。

美妆店

完成日期 | 2015 年 11 月

面积 | 92 平方米

设计公司 | yet|matilde 设计公司

摄影 | PEPE 摄影

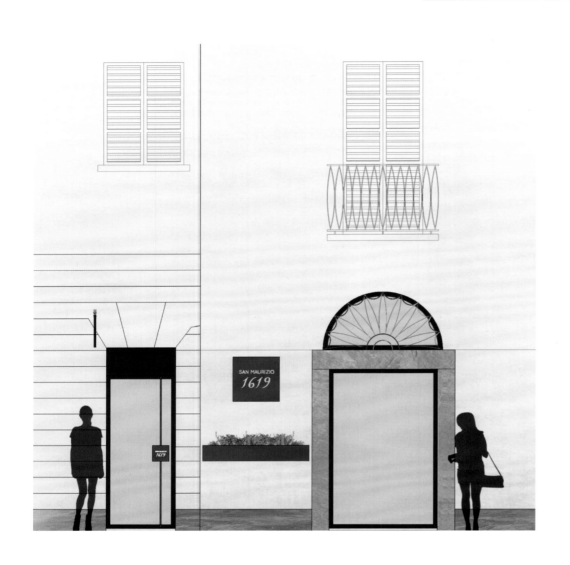

得益于圣·斯蒂法诺·贝尔博酒店的休闲健身中心的经营诀窍，该店提供各式的"健康"产品，包括由榛子、植物茎、石榴等原料制成的面霜和精华素，以及由精心挑选的工匠师傅制作的手提包、围巾、披肩等配件饰品。

设计注意强化现代细节与店内空间已有元素间的融合。因此，入口处原有的地

砖与新铺的水泥地面和谐统一，而砖拱顶又为收款台和储物间开辟了新的空间。

店面入口与接待／收款台齐平，这里主要摆放各类展商的核心产品。经室内照明，榛子、石榴等图案烁烁放光。

美妆店

失物招领国子监一店改造

中国，北京

完成日期 | 2016 年 7 月
面积 | 120 平方米
设计公司 | B.L.U.E. 建筑设计事务所
设计师 | 青山周平、藤井洋子、唐静静、刘凌子
摄影 | 星野裕也

外立面采用通透的玻璃幕墙，过往的行人可以清晰地看到店内的场景，同时也将胡同的风景引入室内，模糊室内外的界限。入口推拉门和墙体使用原色黑胡桃实木板，细节处理上搭配原色钢板，朴素自然的质感轻松融入胡同街道的氛围，用现代简洁的手法重新诠释传统木结构建筑。夜晚外立面的照明主要依靠 LOGO 上方的小壁灯，柔和的暖光源照亮入口区域，给人亲切温暖的感觉，呼应了胡同里"家"的概念。

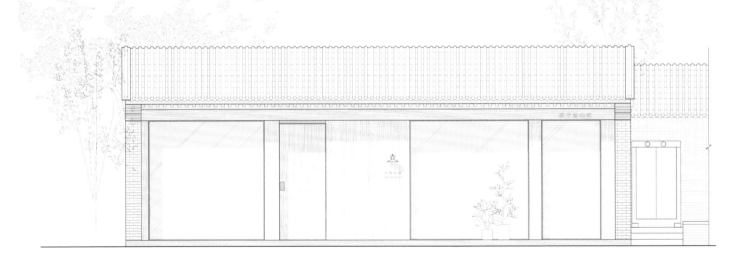

完成日期 | 2013 年
设计公司 | Charles F. Bloszies 办公室
摄影 | Charles F. Bloszies 办公室

通力协作是蓝点家具设计的品质，因此，我们同蓝点家具的设计师以及金属技工们共同发挥专业特长和聪明才智，完成了项目的门面设计图。因原建筑凸出于下面的标准店面（类似面部凸出的大额头），我们一开始便想到了设计金属穿孔屏风。而原建筑中间是入口，一侧是个考虑欠妥的消防通道。

这个金属屏风是由湾区的一位建筑师利用不锈钢板制作而成的。在与技工的咨询后，屏风剪裁精致，纹理清晰，设计细节逐一实现。我们提供的是制作家具面板的设计，尽管建筑设计要较家居设计略庞大，但是店面组合却与家具组合类似。这一全新的透明店面设计意在引人关注，展示店内景象。

这家店与巴伦西亚街的规模和律动相吻合，不以建筑博人眼球。我们的理念是要忠实地设计一个具有现代感的建筑，让它与旧金山最古老的街区相融合即可。

完成日期 | 2014 年
面积 | 250 平方米
设计公司 | SuperLimão 设计室
设计 | 卢拉·戈维亚、蒂亚戈·罗德里格斯、塞尔吉奥·卡布拉尔、安东尼奥·卡洛斯、菲盖拉·德梅洛
摄影 | 玛利亚·阿卡亚巴

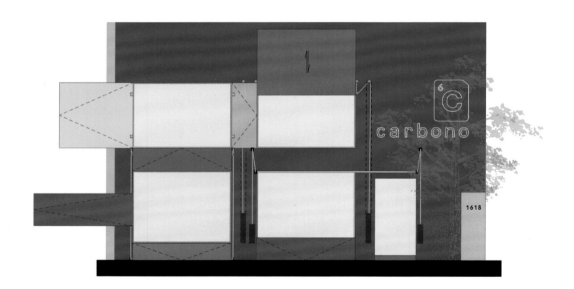

店面由黑色面板制成，采用日式锻造技术，一种灼烧木板表面，使其炭化的技术。

齿轮和滑轮的破口打破了完整的材料。这些齿轮和滑轮的形状各不相同，在面板的反面呈现出生动的色彩。

各式涂层混合应用于空间，不经修整，杂乱的一摊，包括混凝土板、玻璃、水泥、橡胶、木材、砖块和各色涂料。这些流体材料适合不同的空间组成的需要。

系列材料以这种方式定义了不同的空间氛围，带来自有布局的同时也更灵活地展示了店内的沙发。

Doble Altura 家具展厅

墨西哥，瓜达拉哈拉

完成日期 | 2015 年
面积 | 461 平方米
设计公司 | Ostudio 设计工作室
设计 | 胡安·安东尼奥·科奎拉、米格尔·安赫尔·德尔加多
摄像 | 安德烈斯·阿莱霍斯

Doble Altura 家具展厅位于瓜达拉哈拉市重要地段的一幢 70 年家具展厅房龄的建筑内，对面是该市最具标志性的密涅瓦街。我们的目标是在建筑原有基础上推陈出新。我们创造了新的空间，这使得店铺享有光照和更开阔的门面，更利于物品陈列。为创造出更开放的空间，我们不得不拆除整个区域，以便获得更大的展示区。

设计时我们的主材选用尽可能自然原始，在向历史和传统致敬的同时，我们希望打造出一个供家具展示的现代空间。为使更多的阳光照进展厅，我们决定拆除现有墙壁，改为玻璃幕墙。它由大片玻璃拼接而成，四周是由 1/4 英寸厚的钢板框定，这使得原建筑更加的和谐、对称。前门楼梯由牛津灰色花岗岩制成。原建筑一楼采用当地石材为原料，而我们则决定使用水泥等天然材料，用在底板和前门接待处。

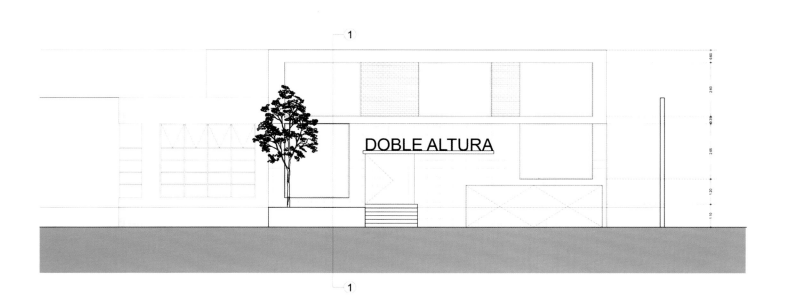

Riccó 家具品牌展示店

巴西，圣保罗

完成日期 | 2016 年

设计公司 | SuperLimão 工作室

设计 | Xin Dogterom、杰森·奥兰德

摄影 | 玛利亚·阿克亚巴

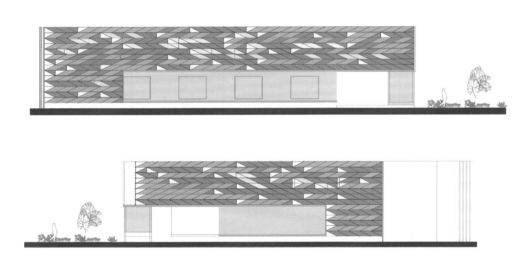

Riccó 诚邀 SuperLimão 工作室为其圣保罗（巴西）店进行全新的门面设计，以便于展示商品，传递这一巴西品牌家具的经典品质。在圣保罗市最重要的街道上，为原建筑打造新门面对设计师来说是不小的挑战。

Riccó 位于巴西大道的繁华拐角。新店位置有助于建立诸如传统和精工制造等重要的品牌概念。在对几种材料、成分和容量的一番研究后，SuperLimao 选用金属包芯设计元素，它是传统的折纸手工艺，深受三浦折叠的启发（三浦是日本天体物理学家，他创造了"三浦折叠"模型）。

该项目使用了约 600 片复合铝板，这些铝板均由 Riccó 制造而成。SuperLimao 设计了基本的结构网格，并按序重叠覆盖整个表面。整个立面有 33 米高，表面却只有菱形和三角形两种形状。此外，设计中还使用了不同的颜色和纹理，有灰有白，有孔有面。

开孔深度 70 厘米，延伸至拐角的两侧。商店入口连接两扇窗户，使得窗与立面合而为一。店面空间充分展示了 Riccó 家具的全貌。

家具画廊

捷克，布尔诺市

设计公司 | Chybik+Kristof 建筑 & 城市设计公司

设计 | 恩德雷·吉契比克、米歇尔·克里斯托夫、维克多·科桥卡、马丁·霍利、沃伊泰·科尔、萨尔卡·库比诺娃、恩德雷格·蒙德尔、马雷吉·施特巴

摄影 | 卢卡斯·皮莱克

该项目由成立不久的捷克建筑设计和城市规划设计公司 CHYBIK + KRISTOF 和布尔诺市（捷克东部城市）共同承办，将位于某一住宅区外的原汽车展厅改造成欧洲办公家具品牌 MY DVA Group 的展厅。这栋欠缺美感的单层建筑的立面如今是由 900 个黑色塑料座椅组成，设计新颖，令人难忘。立面设计抽象，却兼顾功能性，可作为横幅广告，供 MY DVA Group 公司对外宣传使用。在对室内空间简单地整修和翻新后，一个全新的、可塑性强的展厅应运而生，展位设计主题鲜明，公司展品一览无余。

这栋建筑在材料选择时既要用最低的建造成本，又要尽量提升建筑的形象。因此，设计师决定将建筑与公司产品相结合，使用每把 80 捷克克朗（约 3.57 美元）的椅子来组成建筑的外立面，除此之外不加设任何装饰。这种抽象的外部形象恰好反映了建筑内部功能，省去了建筑外部广告费用。"我们使用了供应商提供的、建筑内部展示的维琴察椅作为外立面的组成部件，这把椅子黑色的外观恰好可以适应不同的天气环境，尤其可以抵抗紫外线。"设计师如是说。椅子被固定在立面表面的钢结构上，尽管每年用清洁器很容易为建筑立面进行 1 ~ 2 次的清洗，但为了避免材料磨损，很多时候还是将原座椅进行更换。

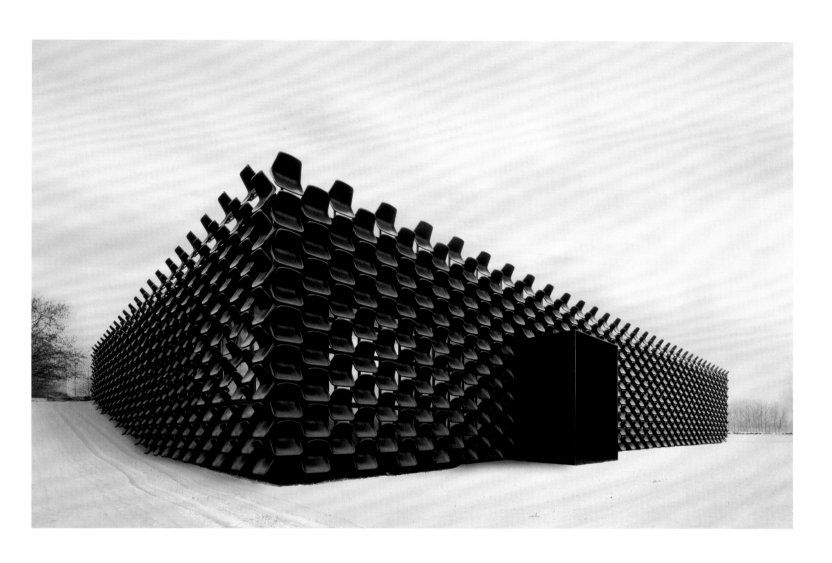

Intersekt 瓷砖展厅

印度，新德里

完成日期 | 2016 年 12 月
面积 | 约 1800 平方米
设计公司 | Spaces Architects@ka 设计
设计 | 阿杰伊·尼玛尔（建筑师）、阿尔温德·辛格（监理）

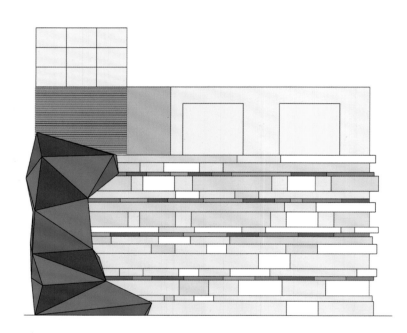

项目设计为一个瓷砖展厅和办公室。在过去 15 年里用作仓库的两个现有的相同建筑中，一个须改造成一个展厅兼办公室。设计范围包括立面、景观和室内。立面描绘了石块经自然风化而形成的多层次感，由 2.43 米 ×1.22 米的瓷砖覆盖，使用自带地基的 MS 框架将石块并置，倚靠在现有建筑上。在靠近入口的建筑角落处有一个极为抽象的结构，摆放着用以承重的瓷砖。展厅入口摆放着一个 1.82 米 ×2.43 米的玻璃箱，由 MS 框架结构支撑。玻璃箱在立面上形成的雕塑将内外空间相连，对于建筑的美观性至关重要。景观同样在该建筑中发挥着重要作用。边墙上浮出的多个抽象砖块展现了该建筑的立面设计，而这些砖块在 MS 框架上由瓷砖覆盖，并由化合制剂黏合。电动门打开后，映入眼帘的是由喷水切割瓷砖组成的抽象图案。有趣的是，角落处的投影是由黑色瓷砖和草丛在地板上勾画出的。该区域还立有人物雕像、吸引人的潭水以及作为景观抬高部分的上有可伸缩屋顶的长椅。

第一阶段

原建筑表皮贴瓷砖，外立面有大面积玻璃

第二阶段

选定部分，拆除原有瓷砖

第三阶段

一层和二层正面采用玻璃板，营造展览室昏暗的室内环境

第四阶段

在原有横梁的基础上增加立柱，支撑新的外立面结构

第五阶段

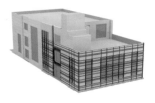

水平镀锌低碳钢构件焊接到立柱上，支撑框架结构

第六阶段

根据外立面设计，采用6毫米厚薄型瓷砖，创建框架结构

第七阶段

使用化学黏合剂粘贴薄型瓷砖，其他低碳钢构件应用于玻璃结构、百叶窗和招牌

第八阶段

外立面完成

完成日期 | 2016 年

设计公司 | Masquespacio 事务所

摄影 | 路易斯·贝尔特伦

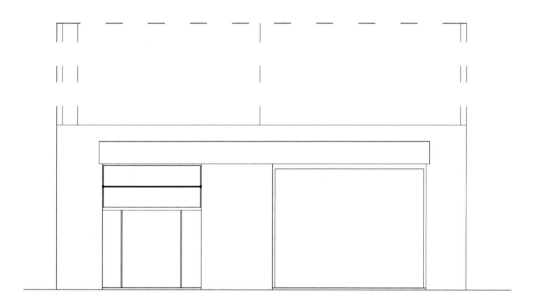

Gnomo 生活馆开设于 2010 年，以寻求原创性与美感的事物与生活方式为设计风格，专门售卖一些小物件和装饰品。在六周年生日来临之际，业主们决定迁址到更为热闹的鲁萨法区，并委托 Masquespacio 事务所为他们设计新店。

Masquespacio 事务所在新店的空间设计方面决定沿用 20 世纪 80 年代的装饰风格，增添一些现代手法。平缓优雅的颜色与白色的墙壁和粉、蓝、绿、黄色的点缀结合在一起，创造出一个愉悦轻松的生活馆。

Vondom 家具旗舰店

美国，迈阿密

完成日期 | 2016 年 12 月
面积 | 630 平方米
设计 | 拉蒙埃斯特维
平面设计 | 拉蒙埃斯特维
立面设计 | 奥田·圣·米格尔
摄影 | 阿方索·卡尔察

从纽约到洛杉矶，再到如今的迈阿密，2016 年 12 月，知名家具品牌 Vondom 家具的全新旗舰店正式落户迈阿密温伍德区，在此宣告其品牌在美洲大陆的持续拓展。

这家全新的家具旗舰店是由拉蒙埃斯特维设计，艺术家参与完成的。

设计是由迈阿密墙艺术项目竞赛的获胜者、西班牙艺术家奥田·圣·米格尔提出的。在他的设计中，多色几何结构和有机形状、无身份的躯体、各式动物以及许多冲突的符号相融合，引人遐思。

市井间的超现实主义

在画作中，几何结构和多色图案同灰色的有机形状相结合，可谓是融入了市井精髓并为大众所接受的超现实主义，一种独特而特殊的图像语言。

曲线与工业

在设计中，拉蒙埃斯特维同样使用了建筑曲线和工业语言。圆角的运用使得建筑的内、外部看起来绵延不断。

东京马克风格杂货小物概念店

法国，巴黎

完成日期 | 2017 年
面积 | 80 平方米
设计公司 | 约瑟夫·格拉潘设计工作室（Joseph Grappin Studio）
设计师 | 约瑟夫·格拉潘（Joseph Grappin）
家具设计与制造 | 法国 Métalobil 公司
摄影 | 弗朗索瓦·吉耶曼（François Guillemin）、玛丽·尼舍夫斯基（Marie Janiszewski）

MARK'STYLE TOKYO

这家东京马克风格杂货小物概念店（Mark' Style Tokyo）位于巴黎宝藏街（rue du Trésor），巴黎最时髦的玛莱区（Le Marais），周围环境安静又时尚。店铺面积 80 平方米，风格休闲随性，使用了木材、混凝土等天然材料。店内销售的所有商品，有大有小，全都井然有序地展示在高效利用的空间内。店面外观是典型的巴黎风格，低调、文雅。正门的高度即店内空间的举架高度，天气情况允许时，能将店铺整个打开，让店内空间融入街道的静谧氛围。

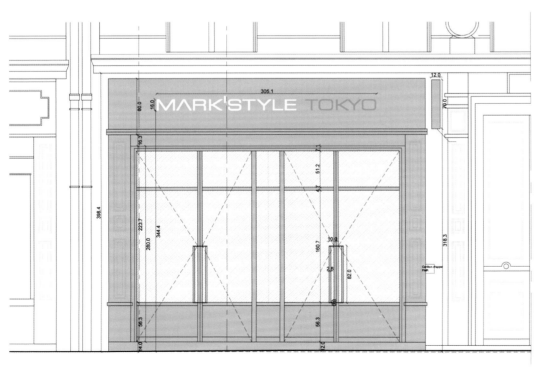

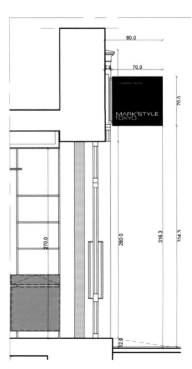

751 时尚买手店商业设计

中国，北京

完成日期 | 2017 年
面积 | 430 平方米
设计公司 | 寸 -DESIGN
设计师 | 崔树
摄影 | 王厅、王瑾

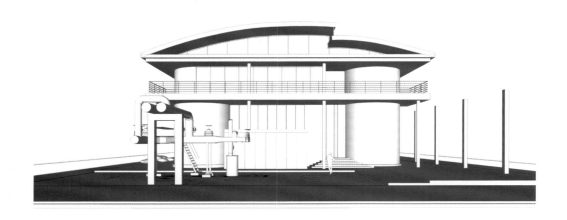

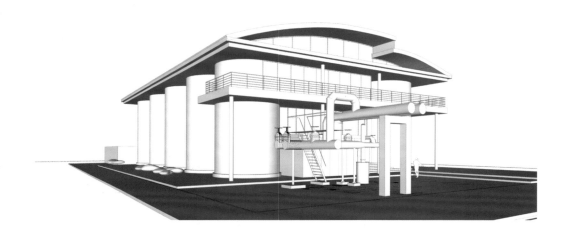

项目位于 751D·PARK 北京时尚设计广场核心地带，原建筑是由十个原脱硫罐留下的独特空间，也是 751 厂区标志性建筑之一。在城市进化的步伐下，原有的工业设备的历史使命已经完成。被重新设计后的建筑被分为地下一层、地上三层。一层、二层采用错层设计，三层采用屋顶式错层设计。使整个建筑外部空间工业和时尚元素并存，设计在尊重原有环境的基础上，重新赋予工业设施新的生命，这里拥有着每个时代的温度与记忆，完成一种过去与未来的情感连接，钢铁与柔美共生。

完成日期｜2016年4月
面积｜480平方米
设计公司｜莫斯塔扎设计工作室（Mostaza Design）
幕墙设计｜埃利亚斯·卡布雷拉（Elias Cabrera）、保利诺·卡尔（Paulino Cal）
标识设计｜大卫·德·拉蒙（David de Ramón）、布莱斯·里科（Blas Rico）
摄影｜何塞·诺韦列（Jose Novelle）

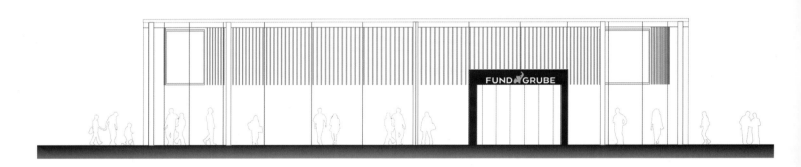

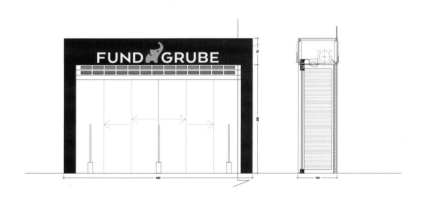

马斯帕洛马斯市对滨海大道的沿街店铺进行了翻新，其中包括一座6米高的圆柱形建筑，里面是一家商店——宝库购物旗舰店（Fund Grube），虽然经营良好，但是装修已经过时了。

本案设计时间紧张，建筑空间复杂，因此，设计师必须与多方展开合作，前期工作比一般项目多很多。

在一个多层玻璃建筑物内布置一家商店，这涉及商业空间常规运行方式的改变。为了让商店能从外面看得见，并能布置高大的家具，天花板设计使用了辐射状板条和背光照明环，这些元素能无意识地引导顾客在商店内的行走路线，并且让店铺从外面看来显得恢宏大气，进一步凸显建筑的外观造型。

玻璃建筑物意味着室内高强度的阳光照射。这个问题的解决方式是在圆柱体上部使用垂直板条，这也是商店室内设计的一个独特元素，搭配外立面上的三个弧形屏幕，屏幕的位置是根据室外交通动线布置的。

新花语花店

乌克兰，基辅

完成日期 | 2015 年 9 月
面积 | 84 平方米
设计公司 | 塔季扬娜设计工作室（Design Studio Pokhylko Tatyana）
设计师 | 波希尔科・塔季扬娜（Pokhylko Tatyana）
摄影 | 安东尼科・埃林纳（Antonenko Elena）

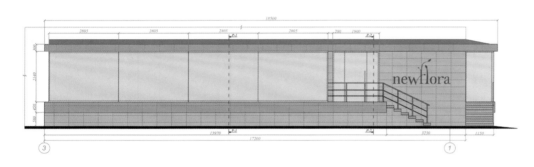

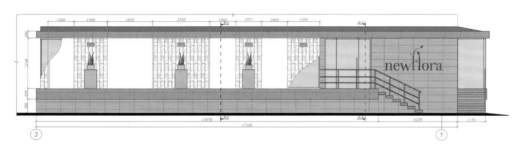

新花语花店（New Flora）位于建筑一层。店铺的总面积为 84 平方米，进行了彻底的翻新。立面设计的概念利用几何线条，简洁明快。外饰和内饰的设计风格是一样的，决定了整个店铺的风格基调。外墙覆层采用陶瓷花岗岩和实心玻璃相结合。台阶设计由金属框架、台阶板材（整体饰面板）和陶瓷花岗岩组成。台阶有内置照明。立面上的标识由轻质材料（一种镜面塑料）制成，外缘轮廓突出。主照明沿着整个立面的长度布置，从外部一直延伸到室内。

甘露莎葡萄酒零售店

西班牙，马德里

完成日期 | 2013 年 10 月
面积 | 26 平方米
设计公司 | PDA 设计公司（productos de arquitectura）
摄影 | PDA 设计公司（productos de arquitectura）

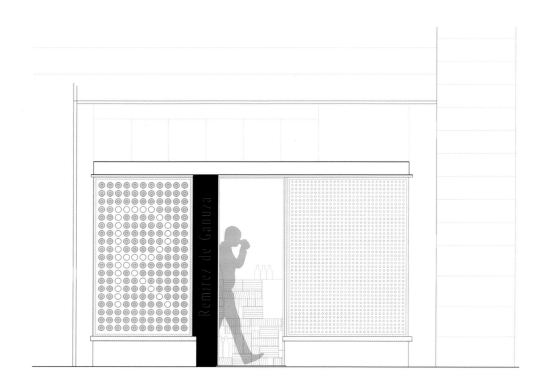

设计理念是对空间结构稍做改动，并通过照明和装饰材料的使用，让店面呈现出全新的外观。

设计保持了原来的店面构造，唯一的改动只是将红酒酿造过程中涉及的物品作为设计元素，以软木塞和酒瓶元素构成矩阵图案，作为店面外观的装饰。

这种简单元素的大量重复使用构成了复杂的平面图案，在光线的衬托下——不论是自然光线还是人工照明——呈现出一种抽象的店面外观风格，非常吸引眼球。这个店面已经成为马德里甘露莎酒厂（Remirez de Ganuza）的标志性形象了。

完成日期 | 2015 年

设计公司 | AE 设计工作室（studioAE）

摄影 | 科斯明·德拉莫米尔（Cosmin Dragomir）

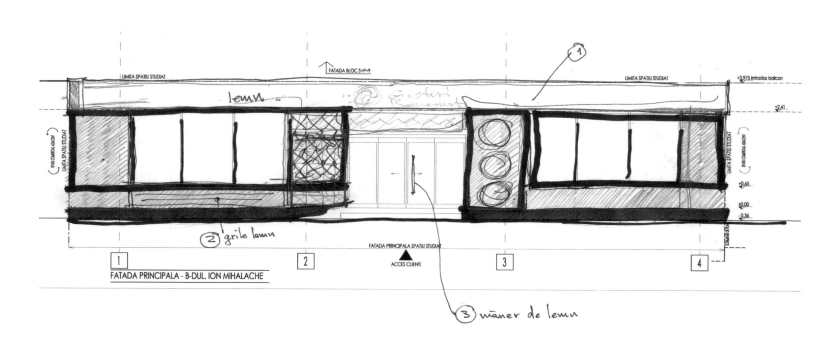

店面外观使用了山毛榉木板，上面刻有与罗马尼亚文化相关的图案，比如太阳的象征图案。木板四周采用金属框，两种材质形成对比。木材会随着时间流逝而变得老旧，就像传统木屋一样。店面为室内手工定制的家具提供了一种背景。

新与旧，明与暗，图形与背景——店面外观上的这些对比让行人不知不觉就注意到它，走进一个罗马尼亚的故事……

完成日期 | 2015 年 6 月

设计公司 | 米里亚姆·巴里奥设计工作室（Miriam Barrio Studio）

平面设计 | 弗兰塞斯克·莫雷特·瓦雷达（Francesc Moret Vayreda）

摄影 | 若奥·诺瓦斯（Joao Nováes）

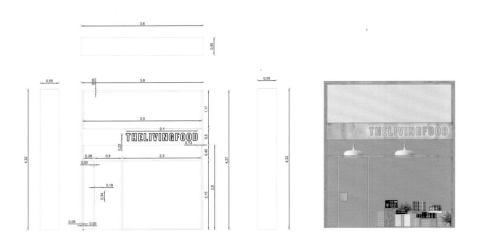

新鲜食品店（The Living Food）的设计初衷是想摆脱这个类型的商业空间的那种千篇一律的形象，赋予其独一无二的特色，使之能在竞争对手中脱颖而出。生命和健康——这就是设计师赋予这家小店的形象标签，通过特定色彩和材料的运用加以表现。店面外观采用了大量桦木板材，贯穿了两层楼的高度，在街道上营造出清新明快的视觉效果。大面积的玻璃橱窗和玻璃门相结合，让店内更多精美的化妆品能够展示出来。蓝色代表着健康，是这个品牌的标志色。平面设计也大量使用这个颜色。材料主要使用木材，代表着温暖。

索莱拉超市

德国，科隆

完成日期 | 2015 年
面积 | 500 平方米
设计公司 | 马斯卡帕西奥设计公司（Masquespacio）
摄影 | 路易·贝尔特兰（Luis Beltran）

索莱拉超市（Solera）面积约 500 平方米，设计的目标是营造一种地中海风格，同时要具备超市这类场所必备的功能性特点。店面外观以黑色为主，显得庄重、严肃，同时搭配一些"欢乐"的标志性西班牙色彩，不用任何特殊图案，就具备了西班牙风情。有些元素能让人联想到安达卢西亚（西班牙南部一个富饶的自治区），比如装饰性的格栅结构，还有雨篷以及地中海风格的墙砖。店名标识也是出自马斯卡帕西奥设计公司之手，遵循了这个品牌的特色，灵活生动，让室内设计也生动起来，传递了一种西班牙式的热情、欢乐氛围。

保定新华书店

中国，保定

完成日期 | 2016 年

面积 | 350 平方米

设计公司 | 风合睦晨空间设计

设计师 | 陈贻、张睦晨

摄影 | 孙翔宇

外立面采用实木格栅，视觉上营造开阔通透空间层次感，直接引入太阳光线的同时，利用光影效果打造适合读书的空间氛围。书店外部周围新鲜的空气，通过里面等距的实木格栅，形成室内外的空气循环。

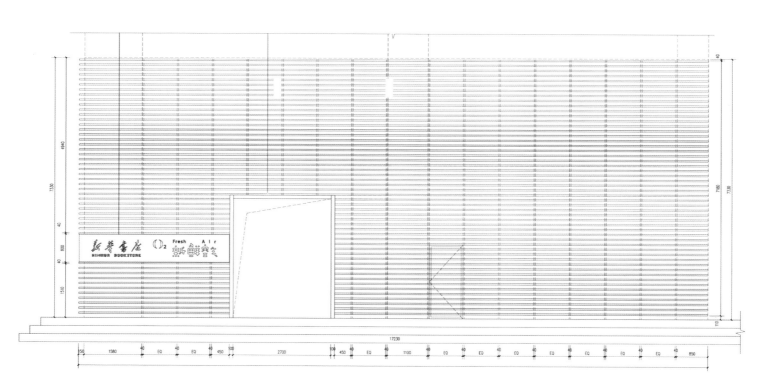

庞巴迪旗舰店

中国，南京

完成日期 | 2016 年 10 月
面积 | 680 平方米
设计公司 | 上海本哲建筑设计有限公司
设计师 | 蒋华健
摄影 | 金选民

旗舰店的原型是一栋三层高的老式建筑。改建时设计师为了剔除不必要的元素，几乎把原建筑全部拆空，只留下了主要的承重结构。改造后的建筑，整体高度都拔高了。从远处看像是一个站立的盒子，增加了视觉的冲击力与趣味性。纵向条状的钢板，配合朦胧感的冲孔钢板与扎实的水泥板，简单又直白，打破建筑原有的条条框框，从而表现出一种特别的空间虚实感，更加强了建筑的立体感。

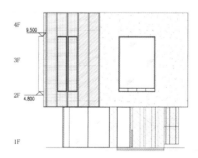

天使微笑医疗公司——小马驹儿牙诊所

日本，东京

完成日期 | 2013 年 10 月
面积 | 336.91 平方米
设计公司 | KAMITOPEN Architecture-Design Office 有限公司
设计 | 吉田雅弘
建筑公司 | Fuji Kensetsu Kogyo 有限公司
摄影 | 圭佑宫本茂

儿牙诊所一般是针对未成年患者的牙科诊所，因此，儿牙医生不仅要了解儿童的成长和发育，还要对患儿父母进行牙病防治教育。

为了营造开放的视觉效果，设计师在每面墙上都做了一个半圆形的开口。由于各墙面上的开口直径不尽相同，因此开口的大小和高度也大相径庭。这便创造出了令视线起伏变化的空间。

此外，墙面上的开口与诊所的临街面相连，该门面设计让人联想到绽放的"白牙微笑"，与牙科诊所主题设计相符。

设计寓意：景致变化，伴童成长。

完美视觉激光眼科

墨西哥，坎昆

完成日期 | 2015 年
面积 | 200 平方米
设计公司 | 桑兹蓬特建筑设计（sanzpont [arquitectura]）
设计师 | 维克多·桑兹·蓬特（Víctor Sanz Pont）、
塞尔吉奥·桑·蓬特（Sergio Sanz Pont）
摄影 | 桑兹蓬特建筑设计（sanzpont [arquitectura]）

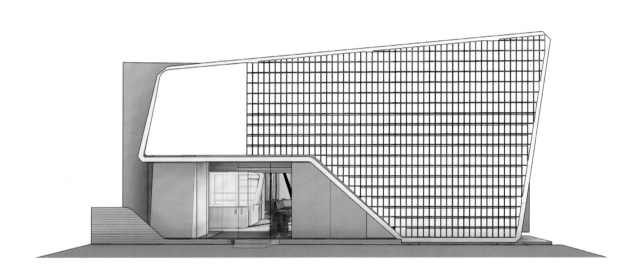

完美视觉（Perfect Vision）是墨西哥一家以最新激光技术设备治疗眼病的眼科诊所。外观的翻新设计应该体现出内部的功能（激光眼科），所以设计在外立面上采用了一层铝制表皮，传递出一种未来科技感，灵感来自航空航天设计。这个白色的表皮结构构成了外立面的主体，并在一端加上一只眼睛的意象。白色铝板对风很敏感，能产生柔和的波纹，这种设计的灵感来自奈德·卡恩（Ned Kahn）的动态建筑立面。

设计采用了最新的建筑信息模型技术（BIM）和数字化制造。每个元素都使用欧特克三维设计软件（Autodesk Revit）来设计，采用计算机数控技术制造，材料使用了木材、铝材、PVC 塑料等，现场安装。先进科技的应用确保了部件生产制造的精确性和及时性。

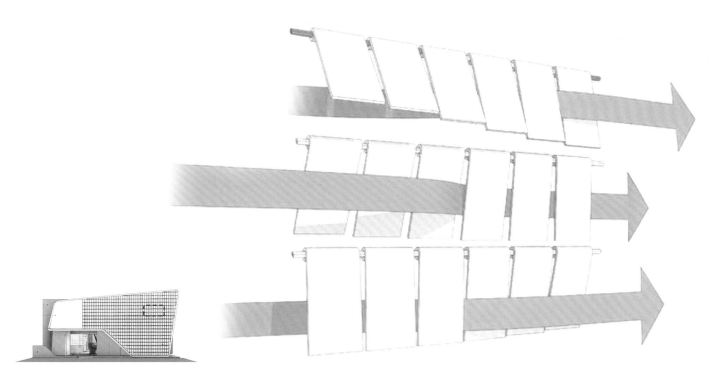

完成日期 | 2016 年
设计公司 | PWW
设计师 | 新狗（Xin Dogterom）、杰森·荷兰（Jason Holland）

店面设计"回本溯源"，有意避开当下流行样式。为此，PWW 设计公司效仿当地的肉铺、烘焙坊、咖啡屋等门面店，为 Chitter Chatter 品牌设计了传统、简约的店面形象。没有招牌林立，标识干扰，进店后的视野开阔，直抵中央。PWW 主打 Chitter Chatter 品牌员工形象牌，以此打造真实可靠的 Chitter Chatter 品牌形象。

"回本溯源"的设计理念同样应用在店面招牌 Chitter Chatter 上。"Chitter"与"Chatter"两词间视觉色调的简单变化，凸显出两词间发音差异。而言语泡泡标识又显示了轻松的谈话氛围，这同样为 Chitter Chatter 提供了便于识别的标识。

完成日期 | 2017 年 8 月

设计公司 | 费尔南多·阿隆索建筑事务所（Fernando Alonso Architectural Design）

设计师 | 费尔南多·阿隆索（Fernando Alonso Pedrero）、
亚戈·费尔南德斯（Yago Fernández Sangil）

摄影 | 米格尔·阿克布兰（Miguel Acebrón García-de-Ulate）、费尔南多·阿隆索、亚戈·费尔南德斯

这家 F+ 药店（Farmacia+）位于西班牙东北部城市潘普洛纳。本案是翻新设计。设计意图将店面打造一个商业标识，以全白背景加十字为主体结构。

每家药店店面上都要有一个标识，其主要作用是让人从远处就能辨认出那是药店。而本案的设计是以建筑的手法来表现这个标识，从建筑立面上就能体现出这个空间的功能。

十字是一个常用作标识的符号，能清楚地标出精确的位置。在这个项目中，两条正交直线形成的几何结构，构成了药店的入口和橱窗展示，再搭配玻璃门上方的店名文字和宣传画。

店面上出现的文字极少。这样的设计是环境所要求的。设计师认为，当今全球化的商业环境有时会产生一种喧嚣的感觉。"也许是出于一种莫名的恐惧，我们想要停下来，观察，思考。我们联手创造了一个由图像、声音和信息组成的、充满侵略性的世界，这个世界，我们已经不是主人了。我们需要保护自己，摆脱这一切。它阻碍了我们真正的目标。因此，我们希望为这个项目打造一个具有识别性的形象，以一种自然的方式挑战顾客的常规认知。我们在店面上做文章，以白色背景上的十字为界区分两个世界，给顾客营造一种'穿越十字'的空间体验。通过这种简洁又实用的建筑手法，我们希望带给顾客一种能够强化他们记忆的体验。"

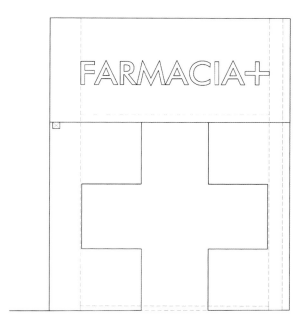

面积 | 1,300 平方米

设计 | 西蒂夫·科蒙韦切尔卡（Sittiphon Komonwetchakul）、
苏特尼·苏瓦辛（Sutthinon Thawaisin）、
瓦查拉·查纳纳（Watchara Chanthana）

摄影 | Sute 建筑有限公司

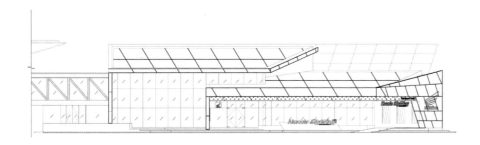

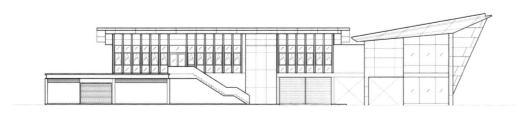

本田摩托（乌汶府店）位于泰国的东北
地区，其展厅设计用以展示车手风采。

人们常看到车手骑行时，俯贴车身曲线
的身影，这是驾驶汽车时不曾有的情景，
却正是摩托车骑行的魅力所在。据此，
设计师设计了这个既充满现代气息又风
格独特的展厅。为使展厅有别于市中心
周围的商业建筑，我们调整了房顶坡度，

这就为喜好大型摩托、现场试驾的顾客
提供了空间。

Misternutrición旗舰店

西班牙，圣地亚哥 – 德孔波斯特拉

完成日期 | 2016 年 11 月
面积 | 240 平方米
设计公司 | As-Built 建筑设计
设计 | 蒙乔 • 雷伊、巴勃罗 • 里奥斯
摄影 | 罗伊 • 阿隆索、蒙乔 • 雷伊

为彰显工业外观设计，该体育用品商店制定了 30 米高全玻璃幕墙，5 米净空高度的设计标准。一扇黄色大门标示入口，通透、巨大的店面招徕顾客来店品鉴。

Money Café Pinkoo 典当行

泰国、曼谷

完成日期 | 2016 年

建筑公司 | 史密斯建筑

设计团队 | 雅伊维特·杨克利 (Jirawit Yamkleeb)、苏康蒂普·萨·恩贾姆旺斯 (Sukonthip Sa-ngiamvongse)

摄影 | Spaceshift 工作室

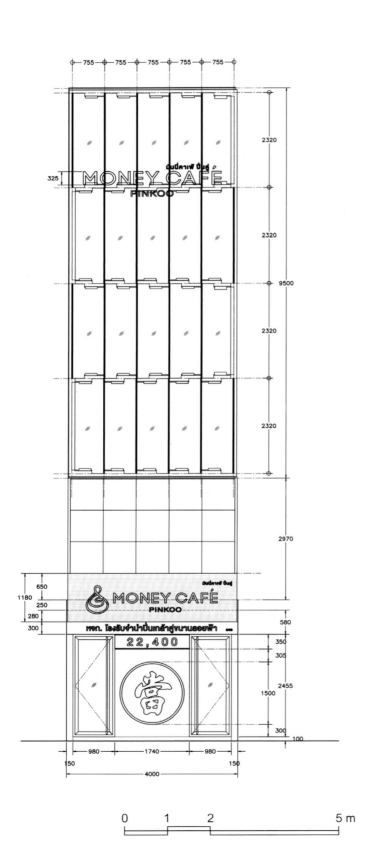

Money Café Pinkoo 典当行的外立面主要由 20 块黑色钢化夹层玻璃板构成。虽然各层玻璃板的方向交错，但它们的边缘是对齐的。面板末端的金色铝制装饰更突出了垂直对齐的立面设计特点。该品牌颜色包括黑色、金色和粉色，因此我们使用了黑色玻璃、金铝合金以及粉色照明。

为便于冷凝器散热 (因热空气自然上升)，新立面的上部设计具有更大的孔隙度，如使用膨胀钢板。新立面设计的主要特征满足了客户的需要，即既要给人以奢华感，又要不同于周边其他商铺。倾斜的玻璃面板便于热空气流出。同样，铁丝网制成的维修过道也确保了热空气流通，使内部清洗立面成为可能。

泰京银行 PTT 分行

泰国，安纳乍能

面积 | 668 平方米

设计公司 | Sute 建筑有限公司

设计师 | 西塞芬·科蒙韦切卡尔（Sithiphon Komonwetchakul）

摄影 | lamnexstep 摄影

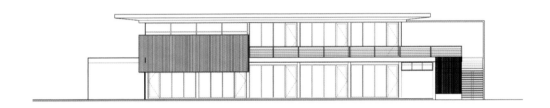

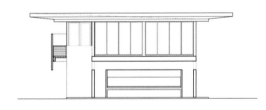 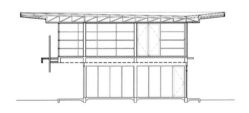

PTT 大楼是泰国安纳乍能府天然气站内的一处商业租赁房屋，为双层钢结构建筑，建筑正面全天日光充足。所以，我们在房屋立面设计中使用了用于遮光的带钢，同时供租户安放广告牌。

此外，屋顶由钢板构成，倾斜度小，前端突出，这使得建筑物正面全天阴凉。我们在建筑设计时的首要任务就是要解决因房屋朝向造成的全天日照强烈这一问题。

织物街90号

西班牙，马德里

完成日期 | 2016年
面积 | 100平方米
设计公司 | E+S设计工作室（Egue y Seta）
设计师 | 丹尼尔·佩雷兹（Daniel Pérez）、菲利普·阿劳霍（Felipe Araujo）、希蒙·凯勒（Szymon Keller）
平面设计 | E+S设计工作室（Egue y Seta）
摄影 | 维库戈摄影（Vicugo Foto）

本案面临的设计挑战非常大。这是葡萄牙的一个涂层技术纺织材料品牌Endutex的展台，设计成酒吧的形式，非常大胆，室内外都要展示这个品牌。室内专门分隔出一些区域用于大幅面印刷机的展示和操作，其他区域也有各种成品材料的展示，便于访客仔细欣赏。室内设计要体现出现代酒吧的感觉，而室外侧重融入城市环境，裸色砖墙搭配黑色门窗边框和绿色植物，外立面朴实、低调。虽然地处展馆内部，但店面外的空间设计成类似人行道和户外露台的感觉。室内外充斥着一种古老的蒸汽朋克时代的装饰派艺术风格（Art Deco），或者一种高端的盖茨比工业风，只不过这里"一切闪耀的东西"不是金子，而是金色墨，所用材料体现出一种像素的质感。

在这里，"喝醉"指的是这些材质和纹理让人如痴如醉；原来宿醉还可以如此温和！不过，为了避免出现视觉混乱，设计师并没有将各样图案和纹理混杂在一起展示，而是将天然纤维、皮革、瓷砖、铺路石和地砖与花卉图案搭配，在由细木工艺、装饰线条、檐口、踢脚板和壁柱组成的，以黑色和金色为主的室内空间中，这些材料的自然色彩显得更加突出。展台的名字既能体现与织物材料的特殊关联，又与这个展台呼应——这个展台的号码在西班牙语里结尾听起来很像"织物街90号"，而且还煞有介事地为这个虚构的酒吧品牌专门设计了一套平面标识设计，字体设计介于有衬线（serif）和无衬线（sans serif）两种字体形式之间，优雅大方，颜色使用亚光黑和金属金，吸引着访客的目光，不论他们是在窗外，在门口，在露台上，还是坐在橡木桶边——露台上的橡木桶在这里用作鸡尾酒桌，搭配高脚凳，环境轻松随意，却可以进行实质性的商谈。

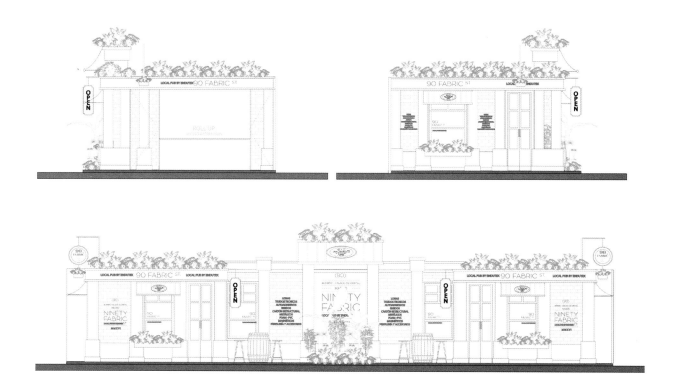

设计公司索引

Ostudio

a+t associates

AREA CONNECTION

As-Built Arquitectura

Botner - Pecina Arquitectos

Christian Schlatter

Design & Creative Associates

Hypothesis

M1/DTW

mode:lina™

odd

OHLAB

pharmacy interiors ltd

Spaces Architects@ka

Wanderlust

yet|matilde

17 区建筑室内设计（Area-17 Architecture & Interiors）

A

AE 设计工作室（studioAE）

AREA CONNECTION 室内设计公司

阿贝贾设计工作室（Studio ABERJA）

澳洲 Y 设计工作室（Studio Y）

B

B.L.U.E. 建筑设计事务所

巴黎朗香（Longchamp Paris）

标准设计工作室（Standard Studio）

博特纳 - 佩奇纳建筑设计

C

Cadena+Asoc. 概念设计

Charles F. Bloszies 办公室

Chybik+Kristof Architects & 城市设计公司

CROW 设计工作室（Design Studio Crow）

诚砌设计有限公司

城市设计（Urban Agency）

崔中浩设计工作室（Joongho Choi Studio）

寸 -DESIGN

D

Dalziel & Pow 设计顾问有限公司

DCA 集团（group DCA）

大阪 VOIGER 设计

德国 Esplant 设计公司

东京 DRAFT 室内设计

栋栖设计

独荷建筑

E

E+S 设计工作室（Egue y Seta）

Esrawe + Cadena 设计公司

Evonil 建筑事务所

F

FOS 室内设计（Foundry of Space）

费尔南多·阿隆索建筑事务所（Fernando Alonso Architectural Design）

风合睦晨空间设计

G

gg 建筑

格雷厄姆·巴巴建筑事务所

H

杭州观堂设计

豪斯空间（hausspace）

怀生国际设计有限公司

卡莉建筑

肯斯尼恩设计

I

IDMM 建筑事务所（IDMM Architects）

K

KAMITOPEN Architecture-Design Office 有限公司

L

Lab4 建筑事务所（Lab4 architects）

Lukstudio 芝作室

兰德马克建筑设计（Landmak Architecture）

联图（Linehouse）

M

MNMA 设计室

马丁·莱哈拉加建筑设计（Martín Lejarraga Architecture Office）

马斯卡帕西奥设计公司（Masquespacio）

美国工业设计

米里亚姆·巴里奥设计工作室（Miriam Barrio Studio）

莫斯塔扎设计工作室（Mostaza Design）

N

"那家设计"（That Design Company）

纽约空间

P

PDA 设计公司（productos de arquitectura）

P/S/D 设计工作室（party/space/design）

Q

乔安 + 曼库室内设计工作室（Jouin Manku）

R

如恩设计研究室

S

SOLO 建筑事务所（Solo Arquitetos）

Space Group 建筑设计

SuperLimão 设计室

Sute 建筑有限公司

桑兹蓬特建筑设计（sanzpont [arquitectura]）

上海本哲建筑设计有限公司

"设计诗人"工作室（Design Poets）

索尔多·马达勒诺建筑公司

T

T3 亚洲建筑公司

塔季扬娜设计工作室（Design Studio Pokhylko Tatyana）

图式建筑事务所（Schemata Architects）

W

纬度建筑

X

希利特·考夫曼 & 丽塔·俄菲

Y

YBYPY 建筑设计事务所（YBYPY Architecture）

YOMA 设计

约瑟夫·格拉潘设计工作室（Joseph Grappin Studio）

泳池工作室（The Swimming Pool Studio）

Z

周易设计工作室

自然未来建筑公司

图书在版编目（CIP）数据

商业店面设计 . III ／（意）斯特凡诺·陶迪利诺编；
孙哲，李婵译 . — 沈阳 ： 辽宁科学技术出版社，2019.7
ISBN 978-7-5591-1070-1

I ． ①商… II ． ①斯… ②孙… ③李… III ． ①商店—
室内装饰设计 IV ． ① TU247.2

中国版本图书馆 CIP 数据核字（2019）第 027140 号

出版发行：辽宁科学技术出版社
　　　　　（地址：沈阳市和平区十一纬路 25 号 邮编：110003）
印 刷 者：深圳市雅仕达印务有限公司
经 销 者：各地新华书店
幅面尺寸：230mm×290mm
印　　张：19.5
插　　页：4
字　　数：200 千字
出版时间：2019 年 7 月第 1 版
印刷时间：2019 年 7 月第 1 次印刷
责任编辑：杜丙旭　刘翰林
封面设计：周　洁
版式设计：周　洁
责任校对：周　文

书　　号：ISBN 978-7-5591-1070-1
定　　价：298.00 元

联系电话：024-23280070
邮购热线：024-23284502
http://www.lnkj.com.cn